普通高等职业教育计算机系列教材

Visual C#程序设计

（第2版）

李　毅　曾文权　主　编
卢　琳　副主编

電子工業出版社
Publishing House of Electronics Industry
北京・BEIJING

内 容 简 介

本书通过项目导向、任务驱动的方式介绍了利用 Visual C#.NET 开发工具进行应用程序开发的相关知识和技能。全书分为 7 个项目，内容包括 Windows 程序界面设计、MYATM 自动取款机、连接数据库、数据查询和操作、应用程序数据展示、文件操作和综合项目实践。

本书通过工学融合，将工作任务与学习目标紧密对接。本书还配备了移动终端微课教学资源，便于读者巩固、提高所学的知识。

本书可作为职业院校相关专业及计算机培训机构的教材，也可作为程序开发人员的参考书。

图书在版编目（CIP）数据

Visual C#程序设计 / 李毅，曾文权主编. —2 版. —北京：电子工业出版社，2020.9

ISBN 978-7-121-39465-2

Ⅰ. ①V… Ⅱ. ①李… ②曾… Ⅲ. ①C 语言－程序设计 Ⅳ. ①TP312.8

中国版本图书馆 CIP 数据核字（2020）第 158641 号

责任编辑：徐建军　　　　特约编辑：田学清
印　　刷：大厂聚鑫印刷有限责任公司
装　　订：大厂聚鑫印刷有限责任公司
出版发行：电子工业出版社
　　　　　北京市海淀区万寿路 173 信箱　　　邮编：100036
开　　本：787×1 092　1/16　印张：12.25　字数：337 千字
版　　次：2015 年 9 月第 1 版
　　　　　2020 年 9 月第 2 版
印　　次：2020 年 9 月第 1 次印刷
印　　数：1 200 册　　定价：38.00 元

凡所购买电子工业出版社图书有缺损问题，请向购买书店调换。若书店售缺，请与本社发行部联系，联系及邮购电话：（010）88254888，88258888。

质量投诉请发邮件至 zlts@phei.com.cn，盗版侵权举报请发邮件至 dbqq@phei.com.cn。

本书咨询联系方式：（010）88254570，xujj@phei.com.cn。

前　言

对于开发人员来说，把 C#及其相关环境.NET Framework 描述为多年来最重要的技术一点也不为过。.NET 提供了一种新环境，在这个环境中，开发人员可以开发出运行在 Windows 上的应用程序，而 C#是专门用于.NET 的编程语言。

本书突出职业特色，注重学生程序设计能力的培养，打破 C#程序设计图书的传统编写模式，突破原知识体系结构的限制，采用“项目解决、问题引入、任务驱动”的方式，重新组合设计教学项目与案例，以任务实现与解决为出发点，将知识点作为解决问题的方法与扩充，真正做到以解决问题为目标。本书在第 1 版的基础上修改及调整了部分项目任务，尽可能解决日常 C#开发中常见的问题，并增加了“任务自测表”，可以使读者记录自己学习的掌握情况，还添加了“小贴士”体例，增加了文章的趣味性。编程并不枯燥，很多时候我们只是没有发现它的美而已。

本书共 7 个项目，项目 1 介绍了 Windows 程序界面设计，主要解决 ExamSystem 系统常用控件及界面设计的问题；项目 2 介绍了 MYATM 自动取款机，主要讲解面向对象程序设计的基本方法和步骤；项目 3 介绍了连接数据库，主要解决如何使用 C#连接数据库的问题；项目 4 介绍了数据查询和操作，主要解决 C#查询并操作数据库数据的问题；项目 5 介绍了应用程序数据展示，主要展示 GridView 控件的使用方法；项目 6 介绍了文件操作，主要讲解 C#对文件的操作方法；项目 7 是综合项目实践，主要讲解帮助文档的制作及数据库操作日志的实现方法。

本书由李毅、曾文权担任主编并负责统稿，卢琳担任副主编。其中，曾文权编写项目 1，李毅编写项目 2～项目 6，卢琳编写项目 7。

本书不仅由身在一线的教师作为主要编者，而且企业高级测试工程师卢琳也参与了项目 7 的编写工作。再次向支持和参与本书编写的所有人员表示感谢！

为了方便教师教学，本书配有电子教学课件及相关资源，请有此需要的教师登录华信教育资源网（www.hxedu.com.cn）免费下载。如有问题，可在网站留言板留言或与电子工业出版社联系（E-mail：hxedu@phei.com.cn）。

本书由编者总结的多年教学及工作经验编写而成，编者在探索教材建设方面付出了许多努力，也对书稿进行了多次审校。由于编写时间及编者水平有限，书中难免存在一些疏漏和不足，希望同行专家和读者给予批评和指正。

编　者

目录

项目1　Windows 程序界面设计 1
任务 1.1　ExamSystem 系统登录界面设计 1
1.1.1　任务实现代码及说明 2
1.1.2　常见错误与问题 9
1.1.3　认识 Windows 应用程序 11
1.1.4　设计编码各司其职 12
1.1.5　C#中的事件 16
1.1.6　友好的交互：消息框 17
1.1.7　上机实训 18
任务 1.2　设计 ExamSystem 系统学生注册窗体 19
1.2.1　任务实现代码及说明 20
1.2.2　控件命名规范 22
1.2.3　基本控件介绍 23
1.2.4　使用 Visual Studio 排列窗体的控件 26
1.2.5　上机实训 29
任务 1.3　设计 ExamSystem 系统管理员主窗体 30
1.3.1　任务实现代码及说明 31
1.3.2　菜单栏（MenuStrip） 33
1.3.3　工具栏（ToolStrip） 34
1.3.4　窗体之间跳转方法 35
1.3.5　创建 MDI 应用程序 36
1.3.6　上机实训 37
归纳与总结 38
项目2　MYATM 自动取款机 39
任务 2.1　MYATM 自动取款机系统界面和类的设计 39
2.1.1　任务实现代码及说明 40
2.1.2　对象与类 43
2.1.3　访问修饰符 46
2.1.4　对象的属性 47
2.1.5　常见错误与问题 51
2.1.6　上机实训 52

任务 2.2　MYATM 自动取款机系统验证账户 52
2.2.1　任务实现代码及说明 53
2.2.2　构造函数 55
2.2.3　使用数组保存数据 58
2.2.4　常见错误与问题 61
2.2.5　上机实训 62
任务 2.3　实现 ATM 自动取款机系统的取款和转账 64
2.3.1　任务实现代码及说明 64
2.3.2　类中的方法 66
2.3.3　值传递和引用传递 68
2.3.4　常见错误与问题 71
2.3.5　上机实训 72
归纳与总结 73
项目 3　连接数据库 75
任务 3.1　连接 ExamSystemDB 数据库 75
3.1.1　任务实现代码及说明 76
3.1.2　ADO.NET 概述 77
3.1.3　ADO.NET 的组件 78
3.1.4　使用 Connection 对象 80
3.1.5　使用 sa 用户登录 SQL Server 数据库 82
3.1.6　常见错误与问题 84
3.1.7　上机实训 86
任务 3.2　ExamSystem 系统异常处理 87
3.2.1　任务实现代码及说明 87
3.2.2　什么是异常 89
3.2.3　如何处理异常 89
3.2.4　上机实训 90
任务 3.3　输入用户名及密码登录 ExamSystem 系统 91
3.3.1　任务实现代码及说明 91
3.3.2　什么是 Command 对象 94
3.3.3　使用 Command 对象 94
3.3.4　常见错误与问题 95
3.3.5　上机实训 96
归纳与总结 101
项目 4　数据查询和操作 102
任务 4.1　“学生信息”窗体年级数据绑定 102
4.1.1　任务实现代码及说明 103
4.1.2　将存在项目窗体加入新建项目 107

4.1.3 三层架构思想 108
4.1.4 DataReader 对象概述 110
4.1.5 创建和使用 SqlDataReader 对象 111
4.1.6 常见错误与问题 112
4.1.7 上机实训 113
任务 4.2 根据学生姓名查询学生信息 115
4.2.1 任务实现代码及说明 116
4.2.2 ListView 控件介绍 118
4.2.3 常见错误与问题 120
4.2.4 上机实训 121
任务 4.3 ExamSystem 项目新增年级记录 121
4.3.1 任务实现代码及说明 122
4.3.2 ExecuteNonQuery()方法 124
4.3.3 常见错误与问题 124
4.3.4 上机实训 125
归纳与总结 125

项目 5 应用程序数据展示 127

任务 5.1 “学生信息”窗体年级数据绑定 127
5.1.1 任务实现代码及说明 128
5.1.2 DataSet 对象介绍 133
5.1.3 创建和使用 SqlDataSet 对象 135
5.1.4 SqlDataAdapter 对象 136
5.1.5 创建和使用 SqlDataAdapter 对象 137
5.1.6 ComboBox 控件数据绑定 137
5.1.7 常见错误与问题 138
5.1.8 上机实训 139
任务 5.2 使用 DataGridView 控件显示学生信息 140
5.2.1 任务实现代码及说明 140
5.2.2 DataGridView 控件介绍 144
5.2.3 常见错误与问题 144
5.2.4 上机实训 145
任务 5.3 ExamSystem 项目保存修改数据 147
5.3.1 任务实现代码及说明 147
5.3.2 保存数据集的修改 149
5.3.3 常见错误与问题 150
5.3.4 上机实训 151
归纳与总结 152

项目 6 文件操作 153

任务 6.1 ExamSystem 系统管理员日志功能 153

6.1.1 任务实现代码及说明 154
6.1.2 文件介绍 157
6.1.3 如何读写文件 158
6.1.4 常见错误与问题 160
6.1.5 上机实训 161
任务 6.2 小型资源管理器 163
6.2.1 任务实现代码及说明 163
6.2.2 文件类（File 类）操作 168
6.2.3 目录类（Directory 类）操作 169
6.2.4 实例化方法的文件与目录操作 170
6.2.5 上机实训 171
归纳与总结 171
项目 7 综合项目实践 173
任务 7.1 制作 ExamSystem 系统帮助文档 173
7.1.1 任务实现代码及说明 174
7.1.2 上机实训 182
任务 7.2 数据库操作日志 182
7.2.1 任务实现代码及说明 182
7.2.2 上机实训 187
归纳与总结 188

项目 1

Windows 程序界面设计

Windows 是我们日常普遍使用的操作系统，在 Windows 操作系统中运行的程序就是 Windows 应用程序。在本项目中，我们将学习如何使用 C#设计 Windows 应用程序的界面，并设计和实现 ExamSystem 考试管理系统程序的登录窗体及学生管理窗体。

工作任务

- 完成 ExamSystem 系统登录界面设计。
- 完成 ExamSystem 系统学生注册窗体设计。
- 完成 ExamSystem 系统管理员主窗体设计。

技能目标

- 理解窗体的属性和事件。
- 能够使用基本 Windows 控件设计窗体程序界面。
- 能够编写简单的事件处理程序。
- 学会使用消息框。
- 学会使用基本控件设计窗体，以及对窗体进行合理布局的方法。
- 学会使用 MDI 窗体。

预习作业

- 常见的 Windows 控件有哪些?
- 在 C#中如何使用 Windows 控件设计界面?
- Windows 控件的作用是什么?
- 消息框的作用是什么?
- 什么是事件?
- 什么是 MDI 窗体?

任务 1.1　ExamSystem 系统登录界面设计

任务描述

利用 Windows 控件设计 ExamSystem 系统登录界面。输入用户名、密码及登录类型，单击“登录”按钮，如果输入信息合法则登录系统，否则给出必要提示，不允许登录系统。

对于用户输入的具体要求如下。

（1）用户名为“admin”，密码为“123”，登录类型为“系统管理员”，单击“登录”按钮。如果输入用户名、密码及登录类型均正确则跳转到管理员主窗体，否则提示“请输入正确的用户名和密码，选择登录类型”。

（2）当单击“退出”按钮时，提示“确认要取消登录吗？”。单击“确定”按钮关闭程序，单击“取消”按钮返回登录界面。

任务分析

我们的第一个任务既不是“Hello World!”也不是“Hello C#”，而是一个在日常软件操作中常见的登录操作。虽然存在一定难度，但是我们对登录窗体并不陌生，因此我们需要的是如何将熟知的内容通过 C#进行描述和实现。

通常，我们在登录某个系统时，需要输入用户名和密码，有时可能还需要选择登录类型等，然后单击“登录”按钮之后，系统就会判断我们输入的信息是否正确，并给出后继的操作提示。因此，我们首先需要设计出用户输入数据的窗体，然后进行判断，最后根据判断的结果给出相应的后继操作。

小贴士

在 Visual Studio 中，通常我们设计的窗体程序可以看成由两部分组成，一部分是用户看到的操作窗体，另一部分是操作窗体中的逻辑实现(后台实现某些功能的代码)。因此，可以说 Visual Studio 很好地将用户与程序员之间做了一个比较明显的分离，使得程序员可以在编写程序时将更多的时间和注意力放在逻辑实现上，而界面部分则可以由美工进行适当的设计。

1.1.1　任务实现代码及说明

实现步骤如下。

（1）打开 Microsoft Visual Studio 2015（以下简称 Visual Studio，本书以此版本作为 C#程序运行平台进行讲解，其他版本与此版本类似，请读者自行对比学习），第一次打开时会比较慢，这是因为有一些初始化的工作要做，以后打开就会快很多了，打开 Microsoft Visual Studio 2015 界面如图 1-1 所示。

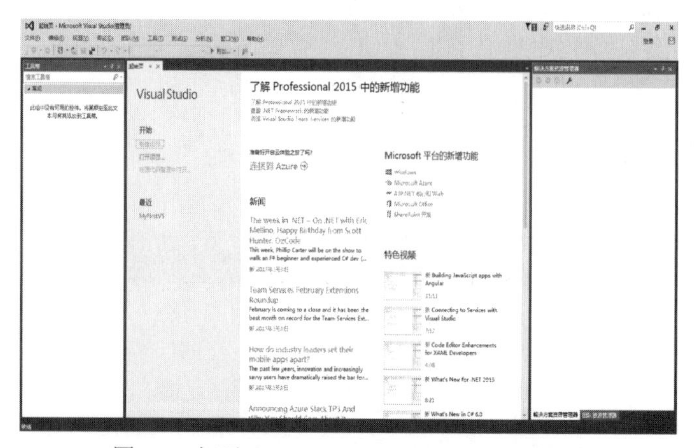

图 1-1　打开 Microsoft Visual Studio 2015 界面

（2）选择“文件”→“新建”→“项目”命令，如图 1-2 所示，弹出“新建项目”对话框，新建一个 Windows 项目。

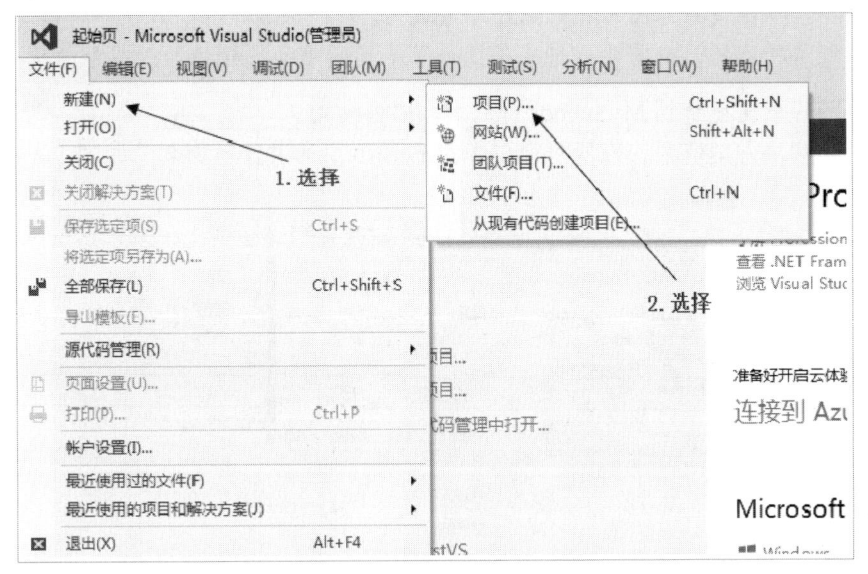

图 1-2　选择“项目”命令

（3）在“新建项目”对话框中，选择“Windows 窗体应用程序”，输入项目名称为 MySchool（其实读者可以将项目命名为 ExamSystem，本任务将其命名为 MySchool 的目的是为以后项目移植埋下伏笔，具体相关内容请参考项目 4），如图 1-3 所示。

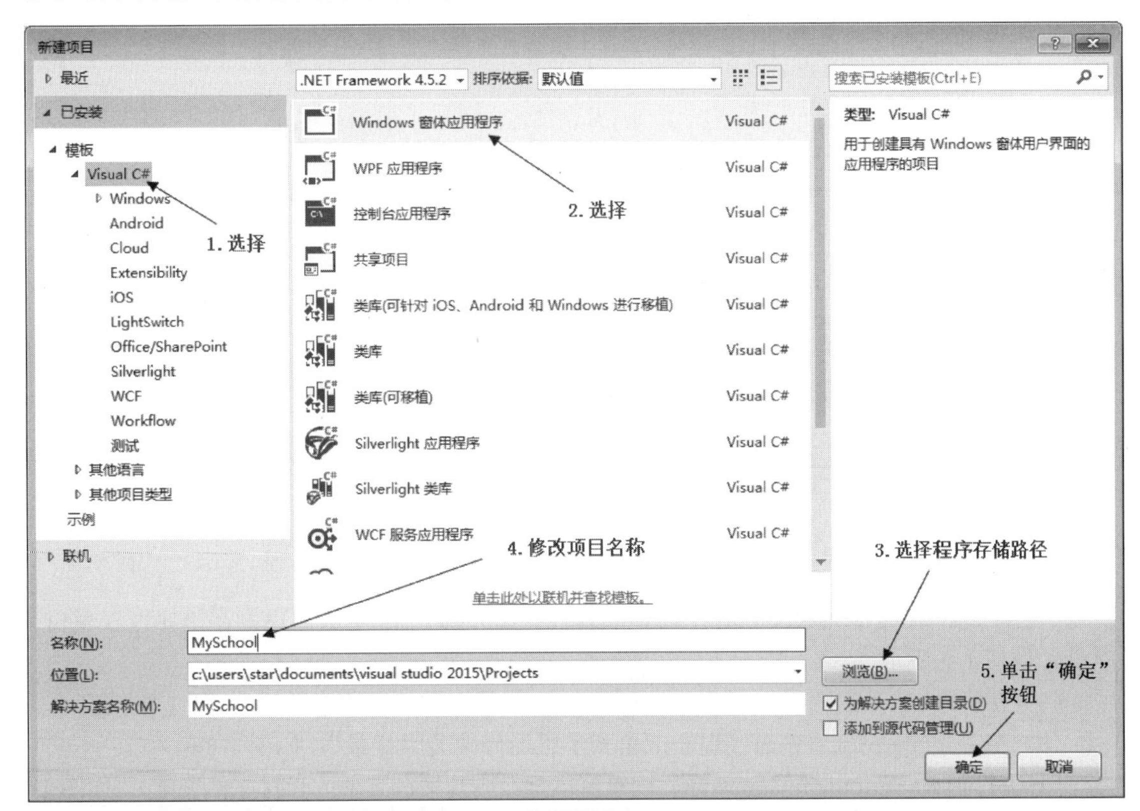

图 1-3　创建项目 MySchool

小贴士

读者的操作步骤请参考图片中的数字序号进行。在一般情况下，第一步和第二步的选择是系统默认已经选择好的，不需要进行选择，如果不是图中的选择请按照图中的选项进行选择。

（4）将图片素材复制到 MySchool 目录下，以备使用。

（5）在“解决方案资源管理器”窗口中对 Form1 窗体进行重命名，如图 1-4 所示。

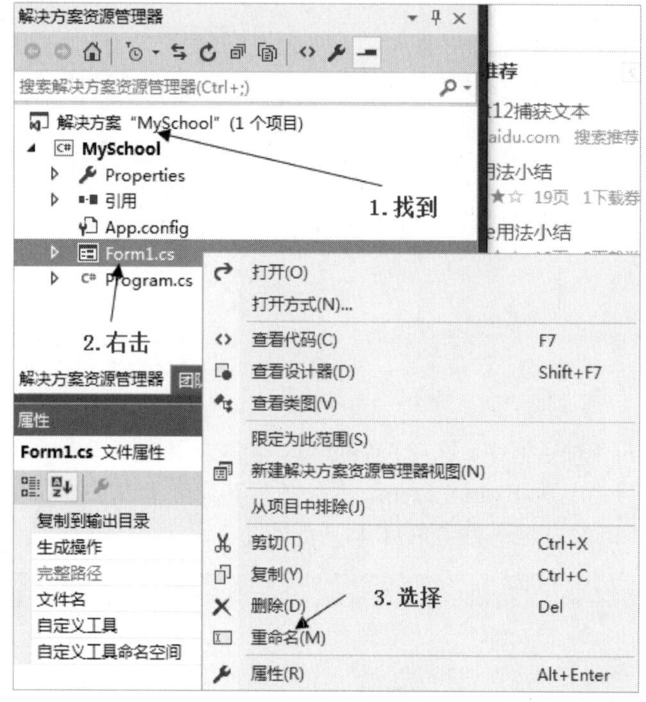

图 1-4　对 Form1 窗体重命名

（6）将 Form1 窗体重命名为“LoginFrm.cs”，在弹出的提示对话框中确认修改，如图 1-5 所示。

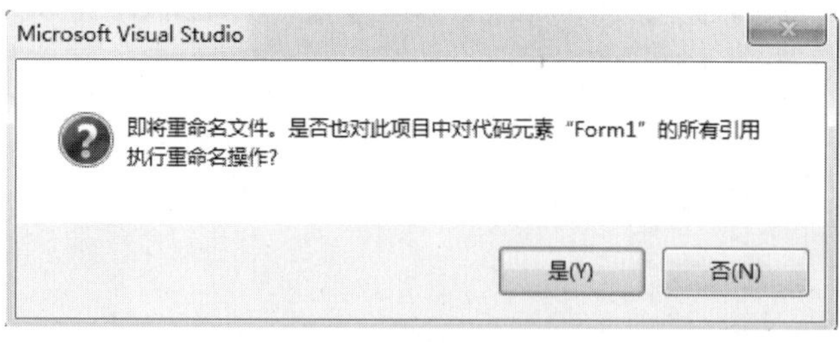

图 1-5　提示对话框

（7）至此，我们发现默认 Form1 窗体的属性（Name）已经更改，可以在“属性”窗口中查看，如图 1-6 所示。

（8）在 LoginFrm 的“属性”窗口中找到 Text 属性，修改为“登录”，如图 1-7 所示。

（9）在 LoginFrm 窗体界面发现左上角文字已经修改为“登录”，如图 1-8 所示。

（10）找到 BackgroundImage 属性，设置窗体背景图片（在准备的素材文件夹中），如图 1-9 所示。

图 1-6　更改窗体的 Name 属性

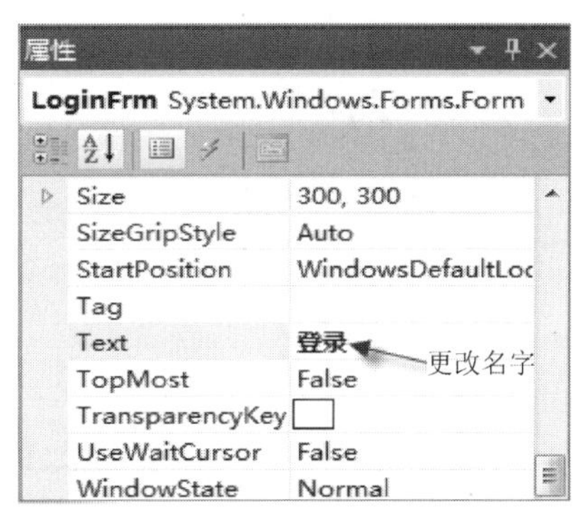

图 1-7　更改窗体的 Text 属性

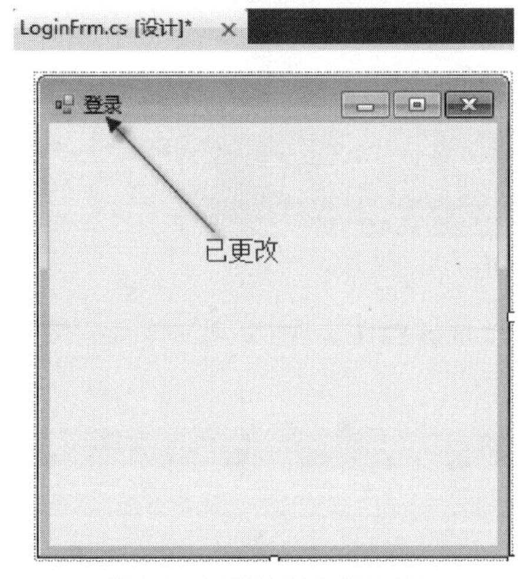

图 1-8　更改窗体标题文字

图 1-9　设置窗体背景图片

（11）在弹出的“选择资源”对话框中，单击“导入”按钮，导入背景图片，如图 1-10 所示。

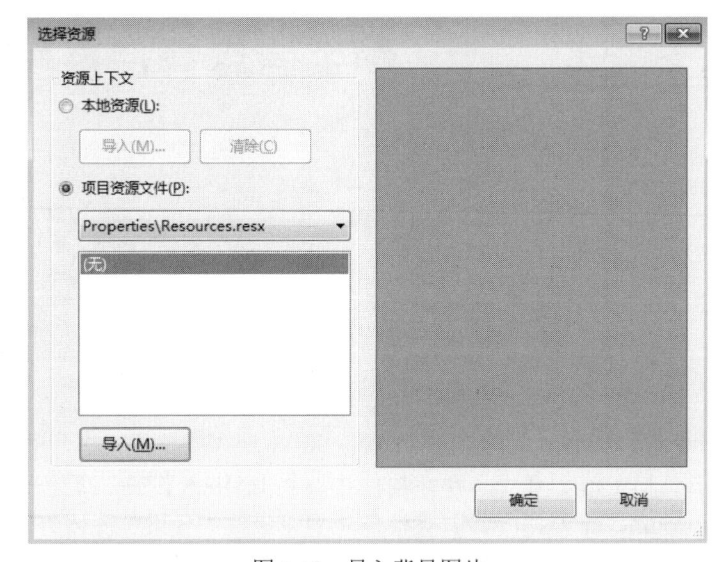

图 1-10　导入背景图片

（12）背景图片与窗体的大小未必一致，利用鼠标调整窗体大小，使得窗体与背景图片的大小一致，如图 1-11 所示。

图 1-11　调整“登录”窗体界面大小效果图

（13）在工具箱中找到“公共控件”选项卡中的“Label 控件”，拖曳到窗体合适位置，如图 1-12 所示。

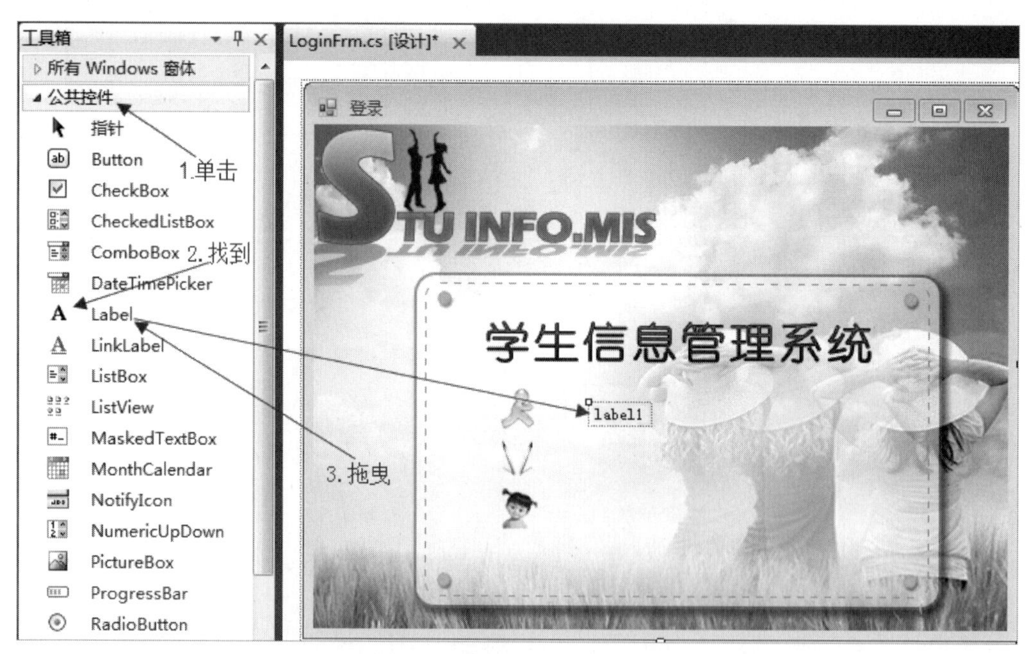

图 1-12　在窗体中添加 Label 控件

（14）修改 Label 控件的 Name 属性为“lblName”，Text 属性为“用户名:”。

（15）继续从工具箱中添加 2 个 Label 控件，2 个 Textbox 控件，2 个 Button 控件，1 个 ComboBox 控件到 LoginFrm 窗体中。调整控件位置，最终“登录”窗体界面如图 1-13 所示。

图 1-13　“登录”窗体界面

新添加的控件主要需要修改的属性值如表 1-1 所示。

表 1-1　控件属性设定值

控　件	属　性	设 定 值
Label	Name	lblPwd
	Text	密　码：
	Name	lblLoginType
	Text	登录类型：
Textbox	Name	txtName
	Name	txtPwd
	PasswordChar	*
Button	Name	btnLogin
	Text	登　录
	BackGroundImage	素材中的 button 图片
	Name	btnCancel
	Text	取　消
	BackGroundImage	素材中的 button 图片
ComboBox	Name	cboLoginType
	Items	系统管理员
		教师
		学生

（16）在“解决方案资源管理器”窗口中添加“管理员主窗体”，窗体名称为 MainFrm.cs，如图 1-14 所示。

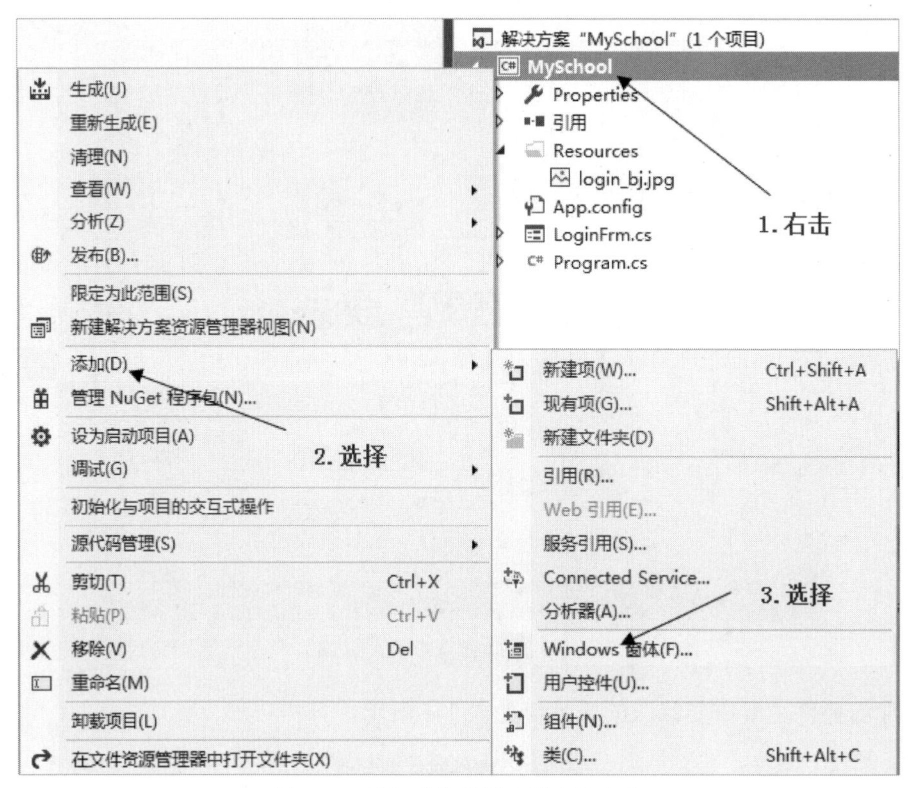

图 1-14　添加“管理员主窗体”命令

（17）设计“管理员主窗体”界面效果如图 1-15 所示。

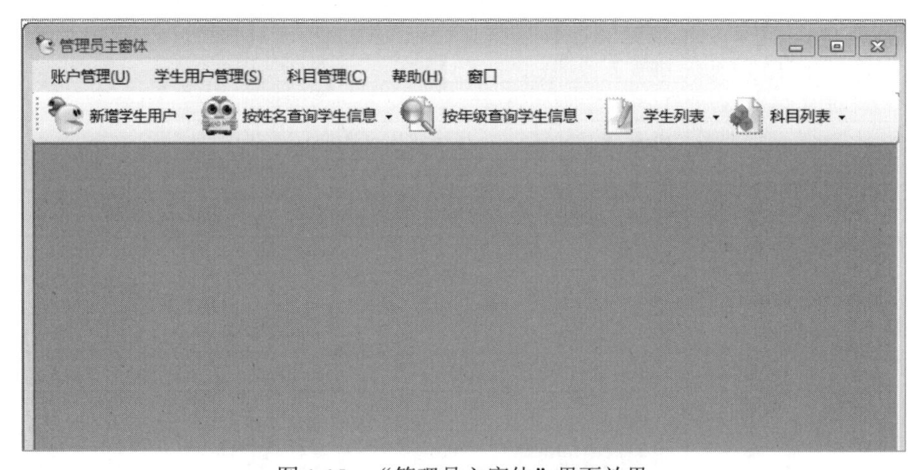

图 1-15　“管理员主窗体”界面效果

（18）双击 LoginFrm 窗体中的“登录”按钮，添加如下代码：

```
private void btnLogin_Click(object sender, EventArgs e)
{
    if (CheckUser())//用户自定义的方法，需要先实现
    {
        MainFrm mainFrm = new MainFrm();
        mainFrm.Show();
        this.Hide();
```

```
    }
}
```

其中，CheckUser()为一个用户自定义的方法，代码如下：

```
private bool CheckUser()
  {
      string strName = txtName.Text.Trim();
      string strPwd = txtPwd.Text.Trim();
      string strType = cboLoginType.Text.Trim();
      if (strName == "admin" && strPwd.Equals("123") && strType == "系统管理员")
        {
         return true;
     //虽然只有一条语句，可以省略大括号，但是从程序设计角度不建议省略
        }
      else
      {
         MessageBox.Show("请输入正确的用户名和密码，选择登录类型", "操作提示",
MessageBoxButtons.OK, MessageBoxIcon.Error);
         return false;
      }
  }
```

（19）双击“取消”按钮，添加如下代码：

```
private void btnCancel_Click(object sender, EventArgs e)
{
    DialogResult result = MessageBox.Show("确定取消登录吗 ?", "操作提示",
MessageBoxButtons.YesNo, MessageBoxIcon.Question);
    if (result == DialogResult.Yes)
    {
       this.Close();
     }
}
```

小贴士

控件的 Name 属性是其在程序中的唯一标识，其功能是更改控件的名字，不建议使用系统自动生成的控件名字。好的控件名字有助于我们理解程序，更有利于快速编程，不管你现在是否能够意识到更改控件名字的重要性，请先这样去做。

1.1.2 常见错误与问题

1．任务实现步骤中的第 17 步（设计“管理员主窗体”）

第一次接触 C#可能无法实现“管理员主窗体”，实现该窗体的方法请参考任务 1.3，在实验中可以由读者自行设计一个窗体暂时取代“管理员主窗体”。

2．任务实现步骤中的第 18 步（实现代码）

很多人在开始接触程序时都是信心满满的，编写“Hello World!”程序之类不在话下，但是学习到 if 语句、for 语句就有些困难。

让我们先静下来，思考一下什么是计算机程序（简称“程序”）？

程序其实就是由程序员写出的一段代码，而这段代码一般来说应该能够完成某种事情或任务，并且这段代码应该是符合某种规则的语言（即某种计算机语言）编写出来的。

我们可以将程序理解为人类要计算机完成任务而发出的一系列命令的集合。因此，想要编写程序一点都不难，只要你知道自己想要做什么，并且发送正确的命令给计算机就可以了。

在你下次遇到不会编写程序的时候仔细思考一下，究竟是在想做什么事情上出现了问题，还是在具体的命令上出现了问题？

以任务 1.1 为例，这段代码的功能是什么呢？在不知道任务（目的）的情况下就去看代码当然会觉得理解起来很吃力。但是如果明确了这段代码的主要任务是要完成“登录”功能，然后将“登录”功能的实现分成两个步骤，再回过头去看代码就会容易理解了。

两个步骤如下。

（1）判断用户输入的数据是否是一个合法登录用户。

（2）根据用户输入的数据是否是一个合法登录用户，决定是否打开“管理员主窗体”。

讲到这里可能有部分读者就明白了，CheckUser()方法就是用来判断用户输入的数据是否是一个合法登录用户。如果是合法用户就会返回 True，如果不是合法用户就会返回 False。而“登录”按钮的 Click（单击）事件就是根据 CheckUser()方法的返回结果决定是否打开“管理员主窗体”。

当你明白了要做的事情之后再去看代码就没有想象中的那么难了。

下面我们再考虑一下如何打开“管理员主窗体”，需要以下两个步骤。

（1）创建“管理员主窗体”对象。

（2）打开“管理员主窗体”对象。

代码如下：

```
MainFrm mainFrm = new MainFrm(); //创建“管理员主窗体”对象
mainFrm.Show();                  //使用“管理员主窗体”对象的 Show()方法打开主窗体对象
```

如果还是不能理解如何创建窗体对象，可以考虑和定义整型变量的语句进行对比。

```
int sum=0;
```

通过对比发现 MainFrm 和 int 的作用相似。只不过我们之前定义的是整型变量，而现在定义的是一个窗体对象。所以，你也可以把窗体对象理解成近似数据类型的作用，只不过这个数据类型定义的既不是整型也不是字符，而是一个窗体。而 mainFrm 也只不过是我们定义的一个窗体对象的具体变量，其作用也就相当于定义整型变量语句中的 sum 变量。

面向对象程序设计和非面向对象程序设计其实也没有太大的区别，在面向对象程序设计中我们可以找到非面向对象程序设计的影子。

3．属性的作用

在面向对象程序设计中，我们面对的基本单位都变成了对象。在非面向对象程序中出现的整型、字符型等基本数据类型在这里也都可以看成一个对象。

面向对象程序设计虽然结构复杂，但是使用起来并不会复杂，因为我们在这里用到了面向对象程序设计的封装技术。我们把要操作的对象按照规定进行划分，大致分为两大部分：一部分是静态数据，又称为属性；另一部分是动态数据，又称为方法。在这里我们先介绍属性的概念，我们将在后面章节介绍方法的概念。

下面我们简单介绍什么是静态数据及动态数据。例如，张三参加某综艺节目，主持人在介绍张三的年龄、体重、身高时，我们可以将这些数据当作静态数据，因为这些数据就是一个数值，而且基本不会经常改变。但是，如果我们想深入了解张三，只知道这些数据是远远不够的，如我们还想知道张三是否会唱歌、跳舞，而这些数据基本需要张三去展示给大家才能进行了解。因此，我们可以将这些内容称为动态数据，因为这些内容基本是需要展示的，而且很可能每次展示的效果都不一样。

我们在程序设计时从工具箱拖入了很多控件到程序设计窗体，然后对这些控件进行属性设置。在一般情况下，我们只会对控件的两个属性进行设置，其他的属性设置根据具体需求进行设置。这两个最基本的属性是 name 和 text。在很多情况下，人们容易混淆这两个属性，其实要分清楚这两个属性很容易，这两个属性一个是给程序员（当然也是给电脑）看的，另一个是给程序的使用者（用户）看的。因此 name 属性在一个类中必定是唯一的，不可能会出现重复的情况；而 text 属性是可以重复的，它只是展示在窗体中的文字而已。

1.1.3 认识 Windows 应用程序

Windows 应用程序与控制台应用程序有很大区别，在.NET 中开发和设计 Windows 应用程序都是通过可视化的方式进行操作的。我们先来认识一下 Windows 应用程序的“解决方案资源管理器”窗口，如图 1-16 所示。

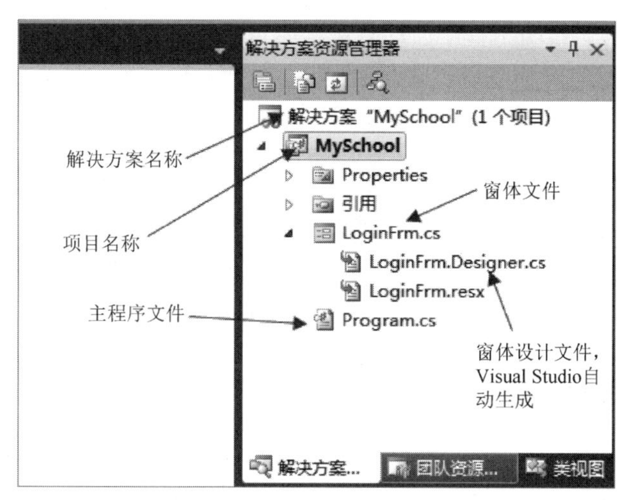

图 1-16 “解决方案资源管理器”窗口

- LoginFrm.cs：窗体文件，程序员对窗体开发的代码一般都保存在该文件中。
- LoginFrm.Designer.cs：窗体设计文件，其中的代码是由 Visual Studio 自动生成的，一般不需要修改，建议不要轻易修改里面的代码。
- LoginFrm.resx：资源文件，用于配置当前窗体所使用的字符串、图片等资源。
- Program.cs：主程序文件，其中包含程序入口的 Main()方法，在创建项目时会自动生成该文件。

Program.cs 主程序文件是系统自动生成的，其代码如下：

```
Using System;
using System.Collections.Generic;
using System.Linq;
using System.Windows.Forms;
namespace MySchool
{
    static class Program
    {
        /// <summary>
        /// 应用程序的主入口点
        /// </summary>
        [STAThread]
        static void Main()
        {
            Application.EnableVisualStyles();
            Application.SetCompatibleTextRenderingDefault(false);
            Application.Run(new Form1());
        }
    }
}
```

此部分代码是系统自动生成的，在一般情况下，程序员只会修改“Application.Run(new Form1());”语句，此语句指明了程序启动时运行的窗体。例如，任务 1.1 中的此部分代码会写成如下形式，其中加黑的部分是需要修改的代码。

```
Static void Main()
{
    Application.EnableVisualStyles();
    Application.SetCompatibleTextRenderingDefault(false);
    Application.Run(new LoginFrm());
}
```

1.1.4 设计编码各司其职

在 Visual Studio 中，Windows 窗体有两种编辑视图：分别是窗体设计器和代码编辑器。

- 窗体设计器的主要功能是进行窗体界面设计、拖放控件、设置窗体及控件属性，不需要编写代码，一般只需使用鼠标就可以进行可视化操作，如图 1-17 所示。
- 代码编辑器需要程序员手动编写代码，Visual Studio 会在窗体界面设计时自动添加一部分代码，如图 1-18 所示。

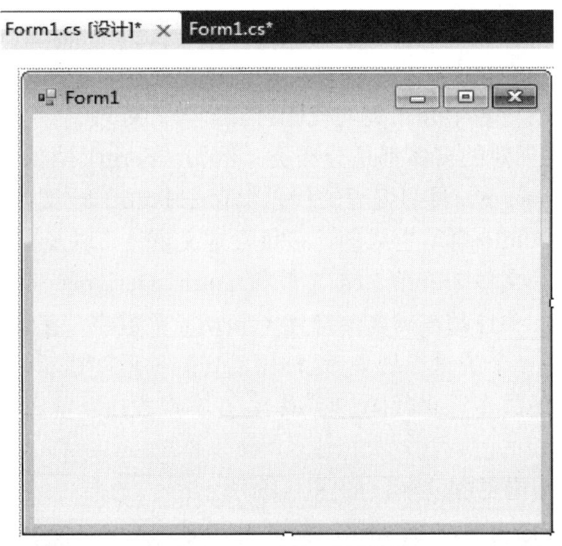

图 1-17 窗体设计器

Form1.cs [设计]* Form1.cs*

MySchool.Form1

```
using System;
using System.Collections.Generic;
using System.ComponentModel;
using System.Data;
using System.Drawing;
using System.Linq;
using System.Text;
using System.Windows.Forms;

namespace MySchool
{
    public partial class Form1 : Form
    {
        public Form1()
        {
            InitializeComponent();
        }
    }
}
```

图 1-18 代码编辑器

我们重点关注以下代码：

```
public partial class Form1 : Form
{
    public Form1()
    {
        InitializeComponent();
    }
}
```

此部分代码包含了两部分内容：partial 和 Form。

1．partial

在代码中出现的 partial 的英文含义是“部分的”，在 C#中这个单词就意味着 partial 是整个窗体代码的一个组成部分。我们知道东西都放在一起是很难管理的，但是如果分开摆放就比较容易管理。正是基于这种思想，我们可以使用 partial 关键字将本应该保存在同一个窗体（类）中的代码分开保存在多个文件中。每个文件都是窗体（类）的一部分代码，叫作分布类。当编译代码时，编译器会自动将各个分布类的代码合并到一起处理。

利用 Visual Studio 创建的窗体都是分布类。例如，Form1 类的代码分布在两个文件中：Form1.cs 和 Form1.Designer.cs。我们编写的代码保存在 Form1.cs 文件中，而 Form1.Designer.cs 中的代码都是由 Visual Studio 自动生成的，它负责定义窗体，以及控件的位置、大小等，我们一般不需要直接操作这个文件。Form1.cs 文件和 Form1.Designer.cs 文件中的代码具有相同的命名空间和相同的类目，并且都在类名前增加了 partial 关键字，在编译时，Visual Studio 会识别出来，并把它们合并成一个类进行处理。这样做的好处是程序逻辑代码与窗体界面设计分离，使程序员的关注点更多地放在逻辑代码的实现上，在实现程序功能时不再受到窗体界面代码的影响。

partial 可以使程序结构更加清晰，如图 1-19 所示。

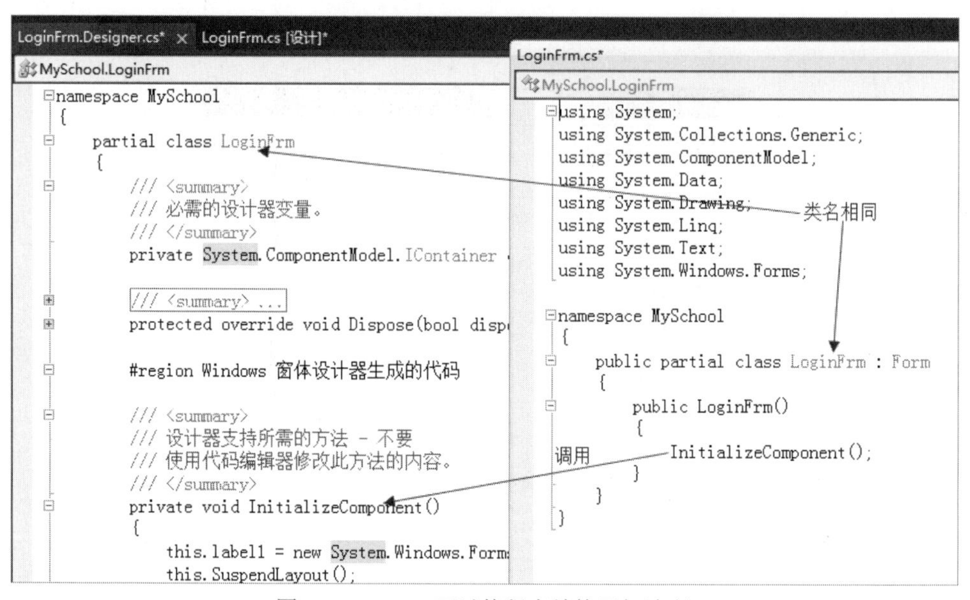

图 1-19　partial 可以使程序结构更加清晰

2．Form

Form 是.NET Framework 定义好的一个最基本的窗体类，具有窗体的一些基本属性和方法。冒号表示继承，我们创建的窗体都继承自 Form 类，那么它就具有了 Form 类中定义的属性和方法。窗体的主要属性、方法如表 1-2 和表 1-3 所示。

表 1-2　窗体的主要属性

属　性	说　明
Name	窗体对象的名称，是程序中的唯一标识
Backcolor	窗体的背景色
BackgroundImage	窗体的背景图像
FormBorderStyle	窗体显示的边框样式，有 7 个可选值，默认值为 Sizable
MaximizeBox	确定窗体标题栏的右上角是否有最大化框，默认值为 True
MinimizeBox	确定窗体标题栏的右上角是否有最小化框，默认值为 True
ShowInTaskbar	确定窗体是否出现在 Windows 任务栏中，默认值为 True

续表

属　　性	说　　明
StartPosition	确定窗体第一次出现时的位置
Text	窗体标题栏中显示的文本
IsMdiContainer	指示窗体是否为多文档界面（MDI）中的子窗体的容器
Windowstate	获取或设置窗体的状态
AcceptButton	获取或设置一个值，该值是一个按钮的名称，当用户按 Enter 键时就相当于单击窗体上的该按钮
CancelButton	获取或设置一个值，该值是一个按钮的名称，当用户按 Esc 键时就相当于单击窗体上的该按钮
ForeColor	获取或设置控件的前景色

表 1-3　窗体的主要方法

方　　法	说　　明
Show()	该方法的作用是让窗体显示出来
ShowDialog()	该方法的作用是将窗体显示为模式对话框
Hide()	该方法的作用是把窗体隐藏起来
Close()	该方法的作用是关闭窗体
Refresh()	该方法的作用是刷新并重画窗体

表 1-2 所示的这些属性都可以在视图设计器中修改，每修改一个属性，Visual Studio 就会在窗体的 Designer 文件中自动生成相应的代码。尝试修改窗体的属性值，制作 MySchool 项目的登录窗体，修改后的窗体界面如图 1-13 所示。

打开设计好的窗体对应的 Designer 文件，查看 Visual Studio 自动生成的代码，如图 1-20 所示。

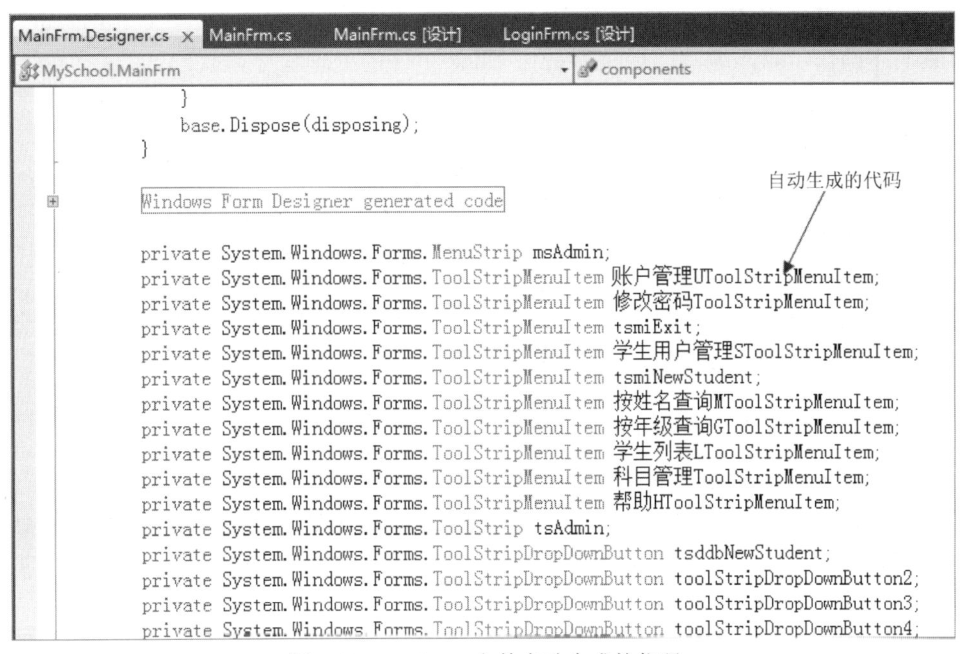

图 1-20　Designer 文件自动生成的代码

FormBorderStyle 属性用于设置窗体的边框样式，在设计窗体时需要根据实际情况选择合适的属性值。例如在本任务中，如果任由用户拉大或缩小窗体会导致背景图片与窗体不匹配，为了避免这种情况的出现，可以将 FormBorderStyle 的属性设置为 FixedSingle。

同理我们可以将 MaximizeBox 的属性设置为 False。

1.1.5 C#中的事件

事件就是对象之间通信的一种机制。在面向对象程序设计中，任何一个对象都可以有相应的事件。平时我们在计算机上的操作基本都是通过鼠标和键盘完成的，单击鼠标或敲击键盘系统就会有相应的反应。单击鼠标、释放鼠标、按下键盘、释放键盘都是 Windows 系统中的事件，Windows 系统本身就是通过事件来处理用户请求的。例如，单击“开始”按钮就会显示“开始”菜单；双击某个文件夹图标，就会打开该文件夹窗口等。

Windows 系统的这种随时响应用户触发的事件，并做出相应处理的机制称为事件驱动机制。使用 Visual Studio 创建 Windows 程序也是由事件驱动的。那么，怎么才能让程序知道发生了什么事件呢？.NET Framework 为窗体和控件定义了很多常用的事件，我们只需要针对用户触发的事件编写相应的事件处理程序即可。

窗体和控件都有很多定义好的事件，比较常用的有窗体的 Load 事件，按钮的 Click 事件等。有关控件的具体事件，可以在 Visual Studio 中选择控件，在“属性”窗口中查看事件列表。

在 Visual Studio 中编写事件处理程序非常方便，操作步骤如下。

（1）单击要创建事件处理程序的窗体或控件。

（2）在“属性”窗口中单击事件按钮。

（3）双击要处理的事件定位到事件处理方法。

（4）编写处理程序代码。

参照上述操作步骤，编写“取消”按钮 Click 事件的处理程序，代码如下：

```
Private void btnCancel_Click(object sender, EventArgs e)
{
    DialogResult result = MessageBox.Show("确定取消登录吗?", "操作提示", MessageBoxButtons.YesNo, MessageBoxIcon.Question);
    if (result == DialogResult.Yes)
    {
        this.Close();
    }
}
```

上面代码中的方法有两个参数，作用说明如下。

- sender 是事件源，表示发生了这个事件的对象，在这个事件中，事件源就是按钮。不同的控件可能会共用同一个事件处理方法，我们可以通过 sender 得到发生事件的控件。
- e 是事件参数（EventArgs）对象，不同的事件会有不同的事件参数。

1.1.6 友好的交互：消息框

在 Windows 系统中，删除文件时常常会弹出消息框，提醒用户进行下一步操作，防止用户误操作的发生，如图 1-21 所示。

图 1-21 “删除文件”消息框

在 WinForms 中，消息框是一种预制的模式对话框，用于向用户显示文本消息。通过调用 MessageBox 类的静态 Show()方法来显示消息框。显示的文本消息是传递到 Show()方法的字符串参数。利用 Show()方法的若干重载还可以提供标题栏的标题。常见的消息框有以下 4 种类型。

- 最简单的消息框，语法如下：

```
MessageBox.Show("要显示的字符串");
```

- 带标题的消息框，语法如下：

```
MessageBox.Show("要显示的字符串","消息框的标题");
```

- 带标题、按钮的消息框，语法如下：

```
MessageBox.Show("要显示的字符串","消息框的标题",消息框按钮);
```

- 带标题、按钮、图标的消息框，语法如下：

```
MessageBox.Show("要显示的字符串","消息框的标题",消息框按钮,消息框图标);
```

消息框的 Show()方法是有返回值的，通常我们会再次对 Show()方法的返回值进行判断，用于判断用户进行了哪种选择，然后进行相应的操作。Show()方法的返回值的数据类型是 DialogResult，DialogResult 的值为枚举类型，如 DialogResult.OK 等，代码如下：

```
DialogResult result = MessageBox.Show("请输入用户姓名", "输入提示",
    MessageBoxButtons.OKCancel,  MessageBoxIcon.Information);
if (result == DialogResult.OK)
{
    MessageBox.Show("你选择了确认按钮");
}
else
{
    MessageBox.Show("你选择了取消按钮");
}
```

在任务 1.1 中，如果单击“登录”窗体界面中的“取消”按钮就直接关闭窗体界面，这样做非常不友好，有时可能不是用户有意单击的，而只是一个误操作。因此，在关闭“登录”窗体界面前，弹出一个消息框，请用户确认关闭窗体界面的操作。如果用户确定关闭，则关闭窗体界面，否则回到之前的窗体界面。程序执行情况如图 1-22 所示，代码如下：

```
private void btnCancel_Click(object sender, EventArgs e)
{
    DialogResult result = MessageBox.Show("确定取消登录吗?", "操作提示",
MessageBoxButtons.YesNo, MessageBoxIcon.Question);
    if (result == DialogResult.Yes)
    {
        this.Close();
    }
}
```

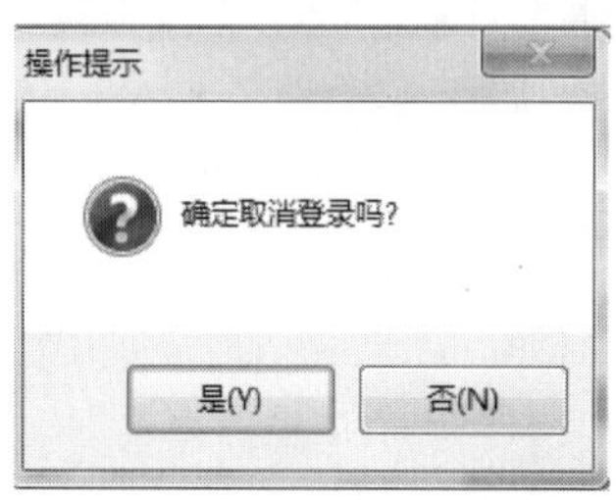

图 1-22 “操作提示”消息框

1.1.7 上机实训

【上机练习 1】

设计 ExamSystem 系统的“登录”窗体。

- 需求说明。
  - 使用提供的图片素材，设计如图 1-13 所示的“登录”窗体。
  - 登录类型中提供两个选项：管理员、学生。

【上机练习 2】

实现“登录”按钮及“取消”按钮的功能。

- 需求说明。
  - 用户名为 admin，密码为 123，登录类型为管理员，单击“登录”按钮跳转到“管理员主窗体”界面。
  - 单击“退出”按钮，弹出“操作提示”消息框，提示“确定取消登录吗？”。单击“确定”按钮，离开并关闭程序；单击“取消”按钮返回“登录”窗体界面。

【上机练习 3】

改变窗体背景色。

- 训练要点。
  - 窗体背景色属性的设置及改变。
  - 添加按钮的 Click 事件处理程序。
- 需求说明。
  - 新建窗体，设置初始背景色为红色。

    - ➢ 当单击窗体时，如果窗体颜色是红色，则变为黄色。
    - ➢ 当单击窗体时，如果窗体颜色是黄色，则变为绿色。
    - ➢ 当单击窗体时，如果窗体颜色是绿色，则变为红色。
- 实现思路及关键代码。
    - ➢ 新建项目，创建 Windows 窗体应用程序。
    - ➢ 设置窗体 BackColor 属性为 Red。
    - ➢ 添加按钮。
    - ➢ 添加按钮事件，改变窗体背景颜色。

按钮事件代码如下：

```
private void btnChangeColor_Click(object sender, EventArgs e)
{
    //当鼠标在窗体上单击时，窗体的背景色改变
    //如果窗体颜色是红色，则变为黄色；如果窗体颜色是黄色，则变为绿色；如果窗体颜色绿色，则
    //变为红色
    if (this.BackColor==Color.Red)
    {
        this.BackColor = Color.Yellow;
    }
    else if (this.BackColor==Color.Yellow)
    {
        this.BackColor = Color.Green;
    }
    else
    {
        this.BackColor = Color.Red;
    }
}
```

小贴士

this 一般表示当前对象，但在本实例中表示当前窗体对象。

任务自测表（请在下面记录表中记录自己的学习情况，看看自己掌握的程度）

任务 1.1	看懂本任务的代码	上机练习 1	上机练习 2	上机练习 3

任务 1.2　设计 ExamSystem 系统学生注册窗体

任务描述

设计学生注册窗体，为日后学生注册任务做好准备。

任务分析

任务本身不存在难度，根据需要添加适当的控件到学生注册窗体即可。本任务的主要目的是让用户熟悉和掌握常用控件的设置，以及控件的排版布局。

1.2.1 任务实现代码及说明

学生注册窗体（即“学生信息”窗体）及使用控件如图 1-23 所示。

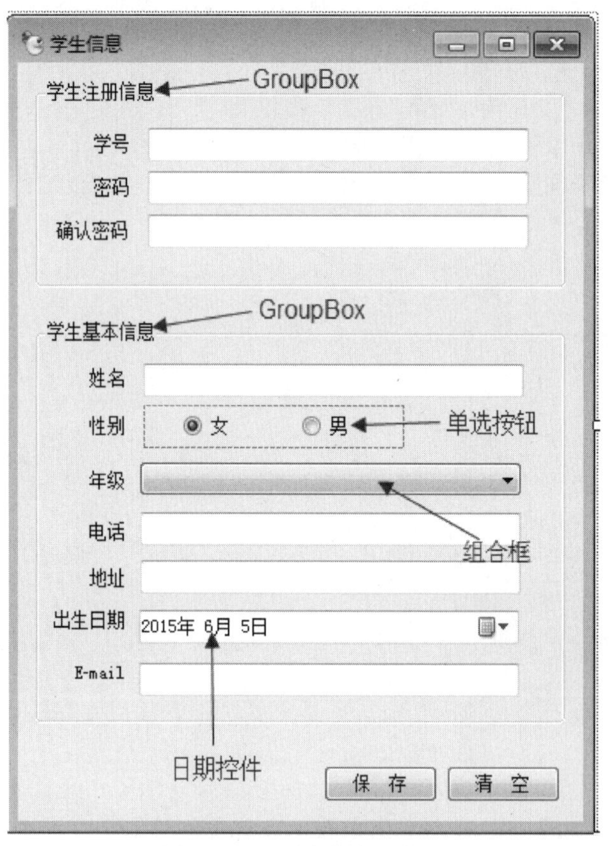

图 1-23 “学生信息”窗体

“学生注册信息”选项组和“学生基本信息”选项组都使用 GroupBox 控件，可以在工具箱中的“容器”选项卡中找到，如图 1-24 所示。

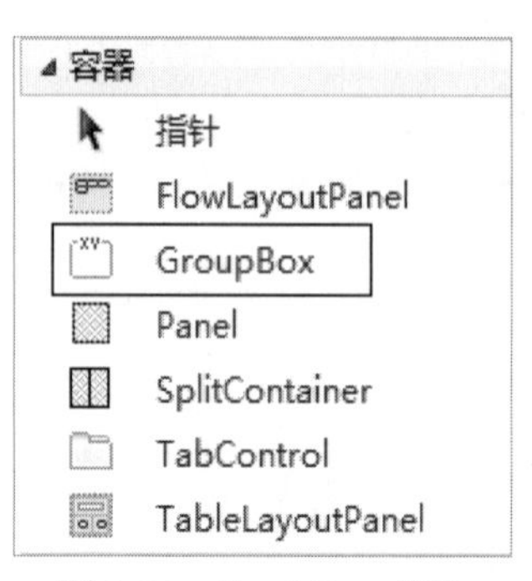

图 1-24 GroupBox 控件

GroupBox 控件的主要属性设置如表 1-4 所示。

表 1-4　GroupBox 控件的主要属性设置

控　件	属　性	设 定 值
GroupBox	Name	grpUserLoginInfo
	Text	学生注册信息
	Name	grpUserInfo
	Text	学生基本信息

Label 控件与 TextBox 控件的主要属性设置如表 1-5 所示。

表 1-5　Label 控件与 TextBox 控件的主要属性设置

控　件	属　性	设 定 值
Label	Name	lblStuNo
	Text	学号
	Name	lblPwd
	Text	密码
	Name	lblRePwd
	Text	确认密码
	Name	lblName
	Text	姓名
	Name	lblSex
	Text	性别
	Name	lblGrade
	Text	年级
	Name	lblPhone
	Text	电话
	Name	lblAdress
	Text	地址
	Name	lblBirthday
	Text	出生日期
	Name	lblEmail
	Text	E-mail
TextBox	Name	txtStudentNo
	Name	txtPwd
	Name	txtRePwd
	Name	txtName
	Name	txtPhone
	Name	txtAddress
	Name	txtEmail

添加单选按钮（RadioButton）控件与日期（DateTimePicker）控件，这两种控件均在工具箱中的“公共控件”选项卡中，如图 1-25 所示。

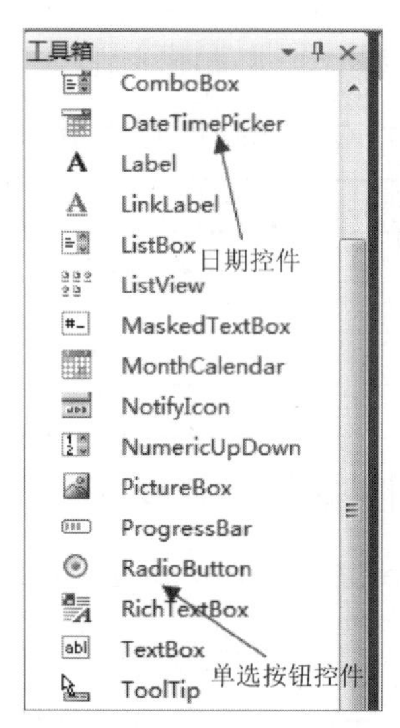

图 1-25　单选按钮控件与日期控件

单选按钮控件与日期控件的主要属性设置如表 1-6 所示。

表 1-6　单选按钮控件与日期控件的主要属性设置

控　件	属　性	设 定 值
RadioButton	Name	rbtnMale
	Text	男
	Name	rbtnFemale
	Text	女
DateTimePicker	Name	dpBirthday

添加 1 个 Panel 控件，并将单选按钮控件放入 Panel 控件中，Panel 控件在工具箱的“容器”选项卡中，如图 1-26 所示。

图 1-26　Panel 控件

添加 ComboBox 组合框，更改该组合框的 Name 属性值为 cboGrade。

添加 2 个按钮，分别更改其 Name 属性值为 btnEdit 和 btnClear，相应的 Text 属性值更改为“保　存”和“清　空”。

调整上文控件大小并摆放到合适的位置。

1.2.2　控件命名规范

在程序设计中，如果不对控件按照一定的规则进行命名很容易导致混淆控件的情况，希望

读者从一开始就能养成规范控件命名的习惯。控件的命名主要有 Pascal 和 Camel 两种方式。Pascal 即每个单词的首字母大写，如 ProductType。Camel 即首个单词的首字母小写，其余单词的首字母大写，如 productType）。

一些常用的 C#成员及其推荐命名方法如表 1-7 所示。

表 1-7　常用的 C#成员及其推荐命名方法

类　型	规　则	示　例
类	Pascal	Student
枚举类型	Pascal	Color.Red
项目	Pascal	MySchool
方法	Pascal	CheckUser()
属性	Pascal	Text
变量、参数	Camel	strName
常量	全部大写	CAPTION

常用控件一般采用缩写前缀加名字的方式进行命名，常见控件命名规范及示例如表 1-8 所示。

表 1-8　常见控件命名规范及示例

控　件	前　缀	示　例
Button	btn	btnSubmit
CheckBox	chk	chkBlue
CheckBoxList	chkl	chklFavColors
DropDownList	drop	dropCountries
Image	img	imgAuntBetty
Label	lbl	lblResults
ListBox	lst	lstCountries
Panel	pnl	pnlForm2
RadioButton	rad 或 rbtn	radFemale 或 rbtnFemale
TextBox	txt	txtName
GroupBox	grp	grpUserInfo

1.2.3　基本控件介绍

控件在 Windows 程序开发和设计时经常使用，下面将介绍一些在任务中常用到的控件的主要属性和方法。

1．标签控件（Label 控件）

标签主要用于在窗体上增加文字说明，如为文本框、列表框等添加标签文字等，以便用户能够根据标签文字的提示进行正确操作。标签控件的主要属性如表 1-9 所示。

表 1-9　标签控件的主要属性

属　性	说　明
Name	用于设置标签控件的名称
Text	用于设置标签控件的显示内容

续表

属　性	说　明
Alignment	用于设置标签中文本的对齐方式
AutoSize	用于设置标签的大小是否根据其中所含文字的多少进行自动调整
BackStyle	用于设置标签对象是否透明

2．文本框控件（TextBox 控件）

文本框控件主要用于获取用户输入的信息或向用户显示的文本，通常用于可编辑文本，不过也可以使其成为只读控件。文本框可以显示多行，对文本换行使其符合控件的大小及添加基本的格式设置。文本框控件仅允许在其中显示或输入的文本采用一种格式。文本框控件的主要属性如表 1-10 所示。

表 1-10　文本框控件的主要属性

属　性	说　明
Name	用于设置控件的名称
Text	用于设置和显示控件的内容
MaxLength	输入最长字符数
Multiline	是否可以输入多行文本
PasswordChar	作为密码框时显示的字符

3．组合框控件（ComboBox 控件）

组合框控件结合了文本框控件和列表框控件的特点，允许用户在组合框内输入文本或从列表中进行选择，组合框控件的主要属性和事件如表 1-11 和表 1-12 所示。

表 1-11　组合框控件的主要属性

属　性	说　明
Name	用于设置控件的名称
Text	与组合框关联的文本
Items	组合框中的项
DropDownStyle	定义组合框显示的风格
SelectedIndex	选定项的索引号，从 0 开始
SelectedItem	允许当前选定的项

表 1-12　组合框控件的主要事件

事　件	说　明
Click	单击控件时发生
SelectedIndexChanged	在 SelectedIndex 属性修改后发生

4．按钮控件（Button 控件）

按钮控件允许用户通过单击来执行操作。按钮控件既可以显示文本，又可以显示图像。当单击该按钮时，它看起来像是被按下，然后被释放，按钮控件的主要属性和事件如表 1-13 和表 1-14 所示。

表 1-13 按钮控件的主要属性

属　性	说　明
Name	用于设置控件的名称
Text	按钮上显示的文本
Enabled	控件是否可用，取值为布尔值

表 1-14 按钮控件的主要事件

事　件	说　明
Click	单击控件时发生

5. 单选按钮控件（RadioButton 控件）

单选按钮控件为用户提供由两个或多个互斥选项组成的选项集。虽然单选按钮和复选框看起来功能类似，但是存在重要差异。当用户选择某个单选按钮时，同一组中的其他单选按钮不能同时被选定。相反，却可以选择任意数目的复选框。定义单选按钮组将告诉用户："这里有一组选项，您可以从中选择一个且只能选择一个。"单选按钮控件的主要属性和事件如表 1-15 和表 1-16 所示。

表 1-15 单选按钮控件的主要属性

属　性	说　明
Name	用于设置控件的名称
Text	按钮上显示的文本
Checked	单选按钮是否被选定

表 1-16 单选按钮控件主要事件

事　件	说　明
Click	单击控件时发生

6. 分组框控件（GroupBox 控件）与面板控件（Panel 控件）

分组框控件用于为其他控件提供可识别的分组，通常使用分组框控件按功能细分窗体，以达到窗体界面整洁美观、易于操作的效果。

面板控件的功能与分组框控件的功能类似，不同之处在于面板控件没有标题，但可以显示滚动条。

7. 日期控件（DateTimePicker 控件）

日期控件用于使用户可以从日期列表中选择单个值。当运行程序时，单击日期控件右侧的下拉按钮，在打开的下拉列表中选择日期即可。日期控件的主要属性如表 1-17 所示。

表 1-17 日期控件的主要属性

属　性	说　明
MaxDate	取得设定最大日期和时间
MinDate	取得设定最小日期和时间
Value	控件所选定的日期和时间值
Format	设置控件日期和时间的显示格式

小贴士

大部分控件都有相同的属性，读者可自行尝试使用。但要牢记每次新建一个控件后就马上为其更改名字，而不是把所有控件都添加到窗体后再统一更改名字。

1.2.4　使用 Visual Studio 排列窗体的控件

我们开发的程序不仅功能要强大，而且界面也要美观。最起码要做到窗体上的控件排列整齐，当窗体大小发生变化时，窗体上的控件也要进行相应的调整。Visual Studio 为我们提供了多种排列控件的方法。

1．对齐控件

使用 Visual Studio 可以很方便地设计窗体，利用鼠标将控件拖入窗体中，由于被拖入的控件并没有设置对方方式，原始窗体界面看起来不太美观，如图 1-27 所示。

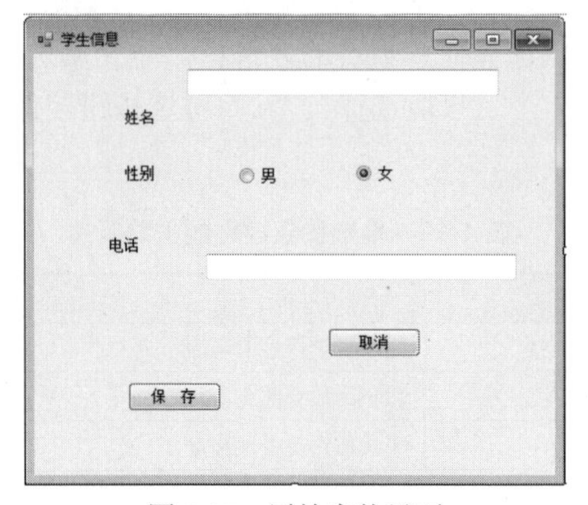

图 1-27　原始窗体界面

此时，我们利用 Visual Studio 的对齐功能可以快捷地完成对齐操作，操作步骤如下。

（1）选择需要对齐的控件。

（2）在 Visual Studio 菜单中，选择“格式”→“对齐”命令，在“对齐”子菜单中选择想要对齐的命令，如图 1-28 所示。

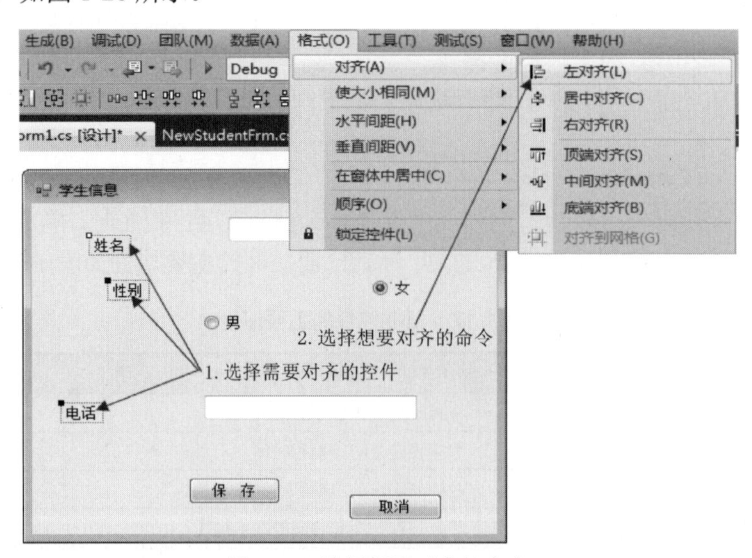

图 1-28　选择想要对齐的命令

小贴士

选择的第一个控件是主控件，其他的控件都与它对齐。另外也可以在“工具栏”窗口中找到对齐按钮单击即可，如图 1-29 所示。

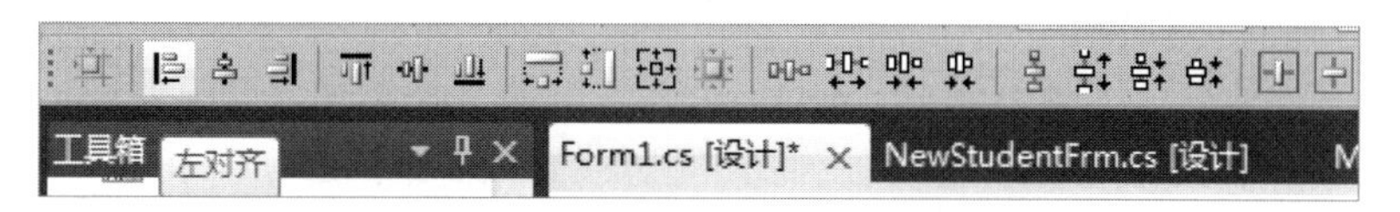

图 1-29 “工具栏”窗口中的对齐按钮

（3）重复前面对齐步骤，直至窗体界面达到满意结果为止，最终调整控件对齐后的窗体界面如图 1-30 所示。

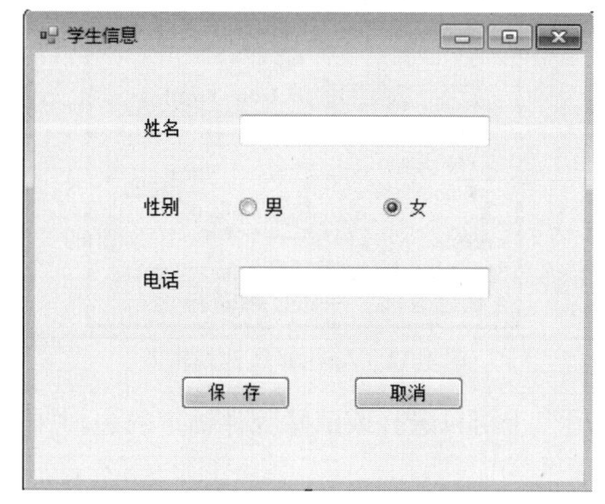

图 1-30 调整控件对齐后的窗体界面

2．使用 Anchor 属性锚定控件

虽然图 1-30 已经是一个对齐了控件的窗体，但是在运行时，如果把窗体拉大就会发现窗体中的控件变得不美观了，如图 1-31 所示。那么如何使得窗体大小发生变化时依然可以保持图 1-30 所示的效果呢？

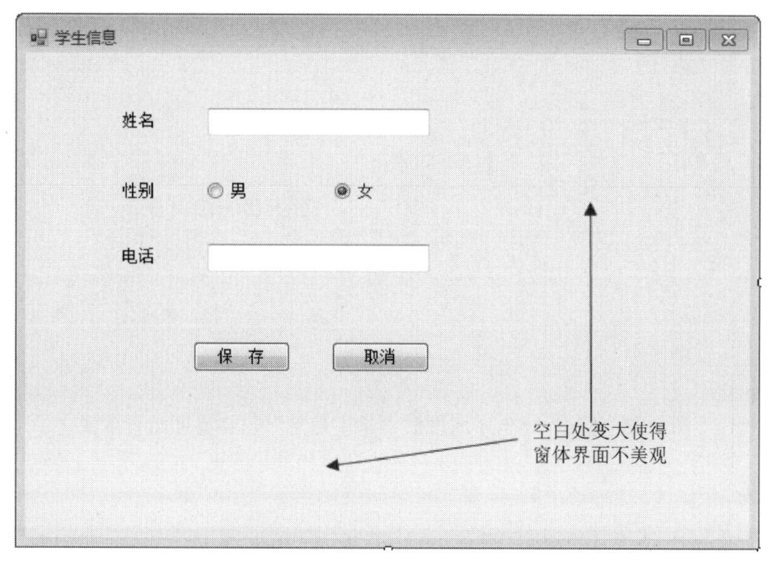

图 1-31 窗体变大后的界面

WinForms 为大多数的控件提供了一个 Anchor 属性，只要设置控件的 Anchor 属性即可。Anchor 的中文含义是“锚定”，用于设置控件相对于窗体的某个边的距离保持不变，从而实现随窗体大小的变化动态调整控件的大小。

为了能够看到 Anchor 属性的效果，我们只更改两个按钮的 Anchor 属性，操作步骤如下。

（1）选定要锚定的控件。

（2）在控件“属性”窗口中单击 Anchor 属性右侧的下拉按钮，显示 Anchor 属性编辑器，控件起始的默认值为 Top，Left。此时，修改其属性值，如图 1-32 所示。

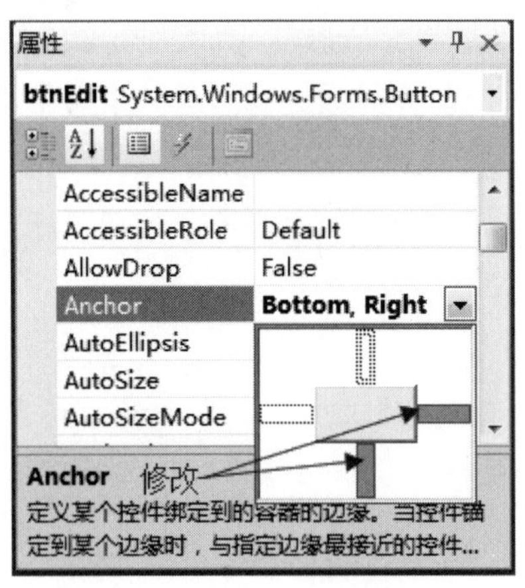

图 1-32　Anchor 属性编辑器

（3）在显示的“十字星”上可以选择或清除控件锚定的边，“十字星”表示控件与窗体边的距离是否要锚定。

（4）单击 Anchor 属性名，关闭 Anchor 属性编辑器。程序运行时窗体界面效果如图 1-33 所示。

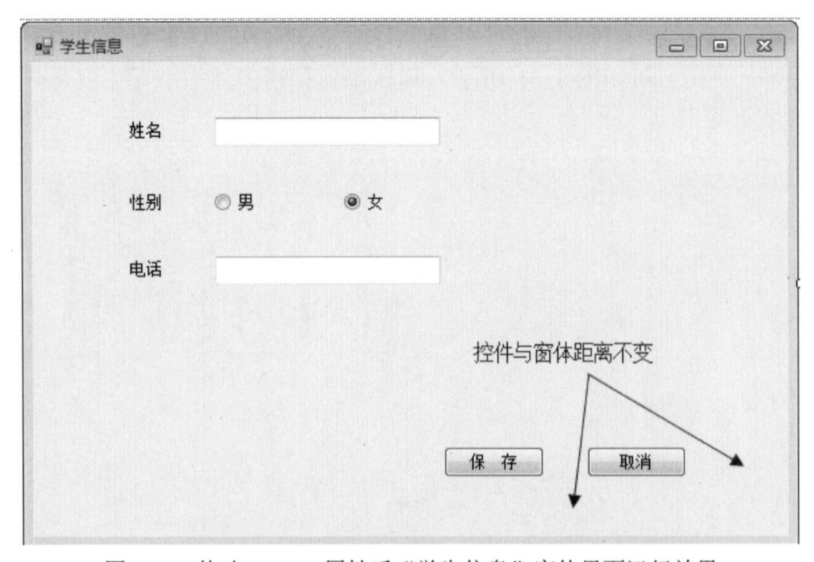

图 1-33　修改 Anchor 属性后“学生信息”窗体界面运行效果

按住 Ctrl 键可以选择多个控件，然后一起设置 Anchor 属性，一次可以锚定多个控件。

3．使用 Dock 属性停靠控件

除了能使控件跟随窗体动态调整大小，有时我们也需要使控件始终保持在窗体的边缘或填充窗体。例如，常见的 Windows 系统中的记事本，菜单总是在窗体的顶部，而文本输入区域填充了窗体的剩余部分。要实现类似的界面效果，可以使用 Dock 属性。Dock 的中文含义是“停靠”。

停靠控件操作步骤如下。

（1）选定要停靠的控件。

（2）在控件“属性”窗口中单击 Dock 属性右侧的下拉按钮，显示 Dock 属性编辑器，如图 1-34 所示。

（3）选择停靠方式。

（4）单击 Dock 属性名，关闭 Dock 属性编辑器。

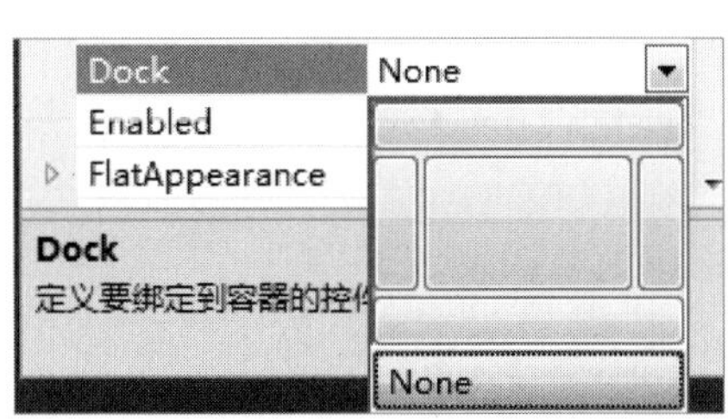

图 1-34 Dock 属性编辑器

1.2.5 上机实训

【上机练习 4】

设计学生注册窗体。

- 需求说明。
  - ➢ 窗体界面参考任务 1.2，如图 1-23 所示。

【上机练习 5】

利用 Anchor 属性设计“我的消息”窗体。

- 需求说明。
  - ➢ “我的消息”窗体界面如图 1-35 所示。
  - ➢ 当改变“我的消息”窗体大小时观察控件变化，注意控件与“我的消息”窗体边界的距离保持不变。

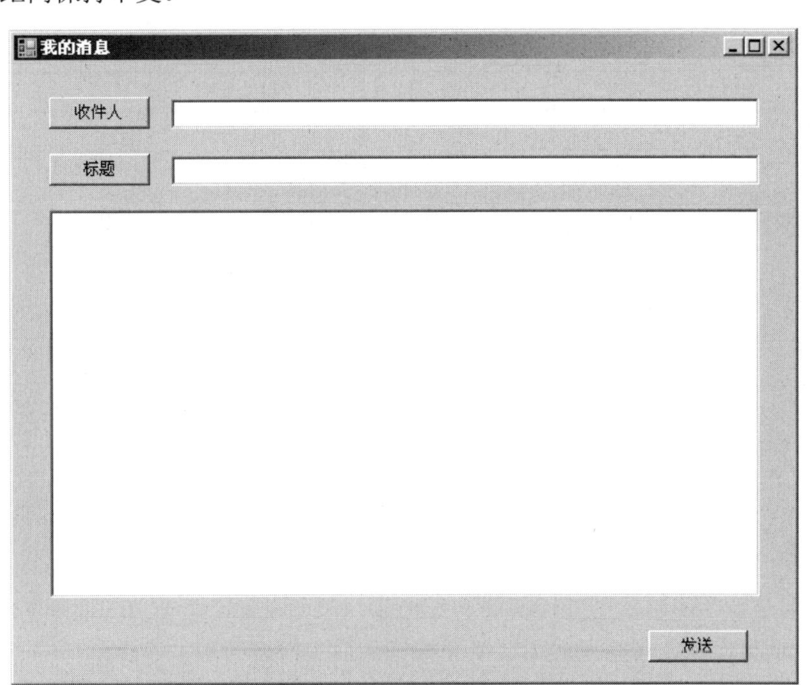

图 1-35 “我的消息”窗体界面

【上机练习 6】

利用 Dock 属性设计“我的记事本”窗体。

- 需求说明。
  - ➢ “我的记事本”窗体界面如图 1-36 所示。
  - ➢ 当改变“我的记事本”窗体大小时观察控件变化。

图 1-36　“我的记事本”窗体界面

任务自测表（请在下面记录表中记录自己的学习情况，看看自己掌握的程度）

任务 1.2	看懂本任务的代码	上机练习 4	上机练习 5	上机练习 6

任务 1.3　设计 ExamSystem 系统管理员主窗体

任务描述

在登录 ExamSystem 系统后显示“管理员主窗体”，并且可以在“管理员主窗体”界面打开任务 1.2 中创建的“学生信息”窗体。

任务分析

“管理员主窗体”能够实现管理员的基本操作，因此在这个主窗体界面要有各个操作对应的按钮以供管理员使用，当管理员单击某个按钮后应当打开对应的窗体。

我们主要完成以下两个任务。

- 创建“管理员主窗体”的 MenuStrip 菜单与 ToolStrip 菜单。
- 打开操作对应的窗体。

1.3.1 任务实现代码及说明

根据上面的提示完成任务，我们首先创建“管理员主窗体”，然后实现打开“学生信息”窗体，操作步骤如下。

（1）打开任务 1.1 中创建的项目 MySchool。

（2）在工具箱中打开“菜单和工具栏”选项卡，如图 1-37 所示。

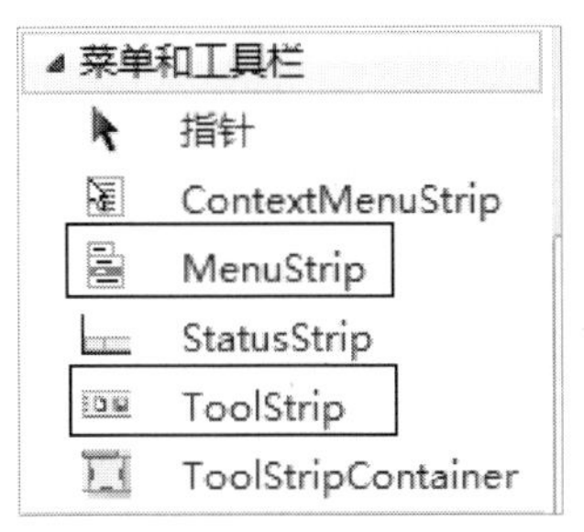

图 1-37 “菜单和工具栏”选项卡

（3）在“管理员主窗体”界面中添加 1 个 MenuStrip 控件，更改名字为 msAdmin；再添加 1 个 ToolStrip 控件，更改名字为 tsAdmin。

需要注意的是，这两个控件会出现在“管理员主窗体”的底部，如图 1-38 所示，而在该窗体中的其他控件是其进行编辑的地方。

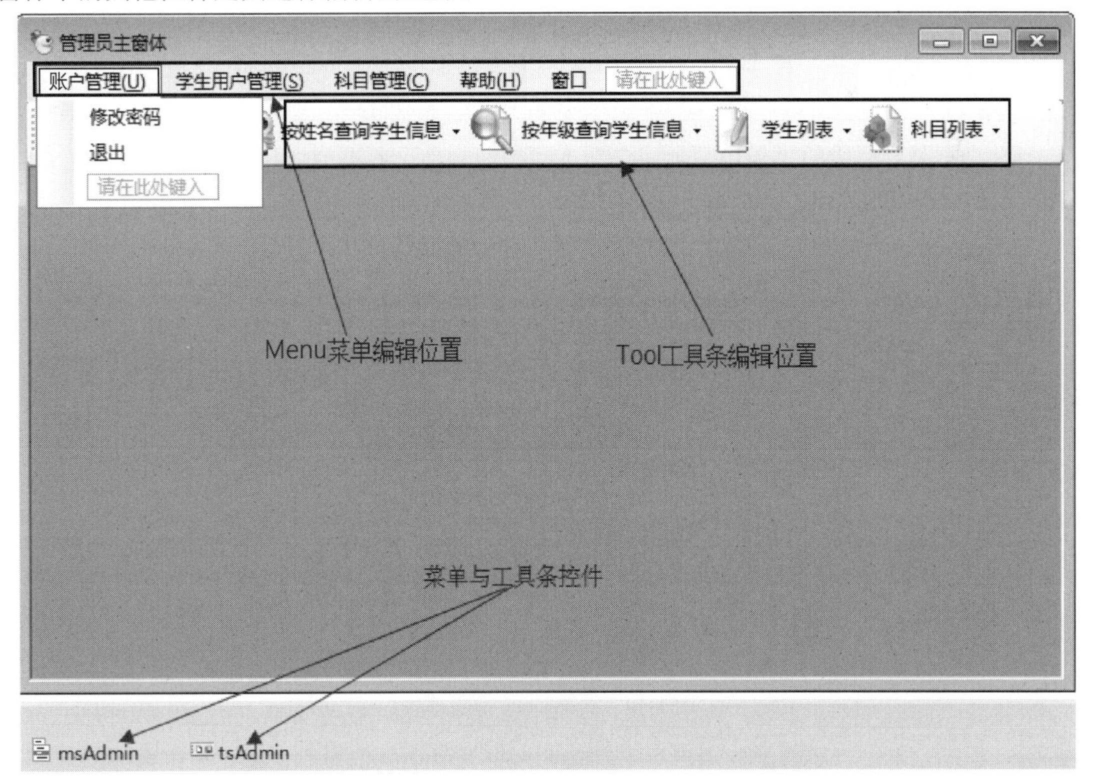

图 1-38 添加 MenuStrip 控件与 ToolStrip 控件

（4）利用鼠标及键盘编辑 MenuStrip 控件与 ToolStrip 控件。

（5）打开“管理员主窗体”的“属性”窗口，修改 IsMdiContainer 的属性值为 True，如图 1-39 所示。

图 1-39　修改 IsMdiContainer 的属性值为 True

（6）双击“学生用户管理”→“新增学生”选项属性，添加如下代码：

```
private void tsmiNewStudent_Click(object sender, EventArgs e)
{
    //创建新增学生窗体（“学生信息”窗体）
    NewStudentFrm newStudent = new NewStudentFrm();
    newStudent.MdiParent = this;  //指明新增学生窗体的父窗体是当前窗体
    newStudent.Show();            //使用 Show()方法显示新增学生窗体
}
```

（7）双击菜单栏中的“新增学生用户”下拉按钮控件，打开其“属性”窗口，选择 Click 事件关联新增学生窗体的 tsmiNewStudent_Click 事件，如图 1-40 所示。

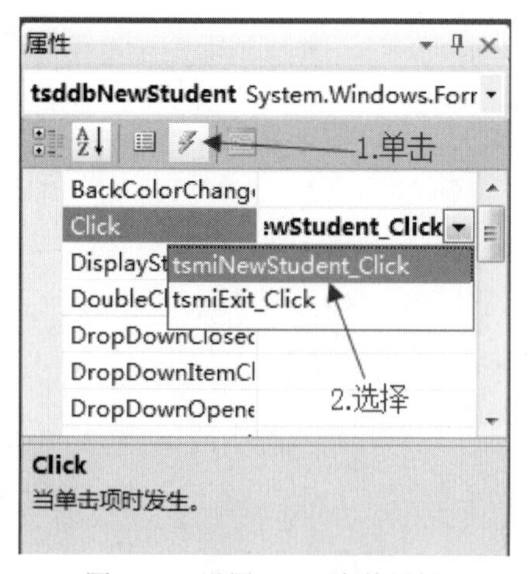

图 1-40　设置 Click 事件属性

运行程序，单击“新增学生用户”下拉按钮，打开“学生信息”窗体，在该窗体添加新增学生信息，效果如图 1-41 所示。

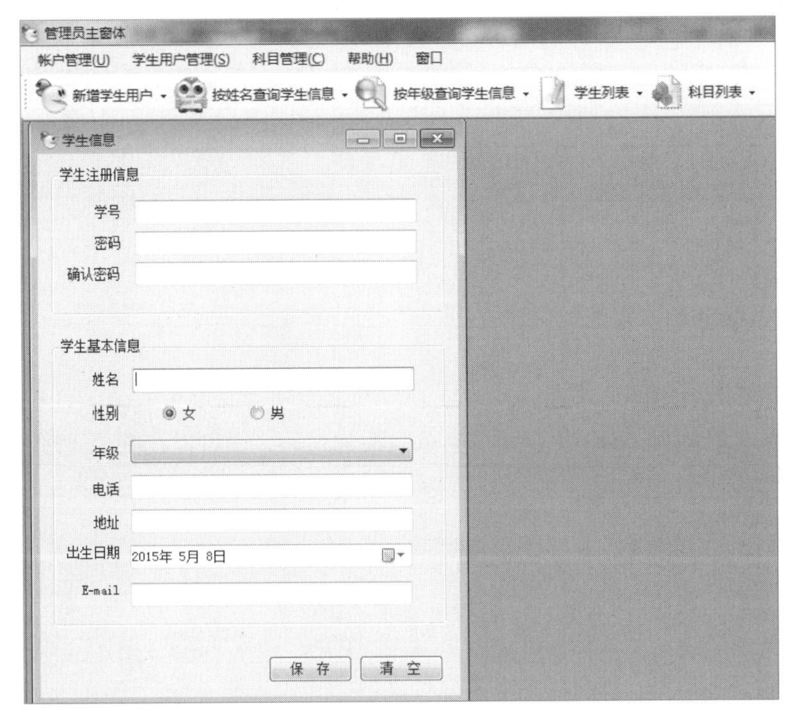

图 1-41　打开“学生信息”窗体

1.3.2　菜单栏（MenuStrip）

菜单（Menu）最初是指餐馆提供的列有各种菜肴的清单列表。在计算机中，菜单是指应用程序运行时出现在界面上的选项列表，供用户选择，借助菜单栏可以将应用程序可执行的功能按照树形结构展现给使用者。

在 Windows 系统中，菜单栏随处可见，如 Word、Excel、Visual Studio 等。

在 Visual Studio 中，我们利用菜单栏控件可以轻松创建 Windows 系统中的菜单，在菜单中添加菜单项（MenuItem）、组合框（ComboBox）、文本框（TextBox）。菜单栏控件的主要属性如表 1-18 所示。

表 1-18　菜单栏控件的主要属性

属　性	说　明
Name	代码中菜单对象的名称
Items	在菜单中显示的项的集合
Text	与菜单相关联的文本

在 Items 属性的编辑窗口中，可以添加菜单项（MenuItem）、组合框（ComboBox）、文本框（TextBox）。菜单项的主要属性、事件如表 1-19 和表 1-20 所示。

表 1-19　菜单项的主要属性

属　性	说　明
Name	代码中菜单项对象的名称
DropDownItems	在子菜单中显示的项的集合
Text	与菜单项相关联的文本

表 1-20　菜单项的主要事件

事　件	说　明
Click	当选中该菜单项时，触发该事件

创建菜单的操作步骤如下。

（1）切换到窗体设计器。

（2）在工具箱中打开“菜单和工具栏”选项卡。

（3）选中 MenuStrip，并拖到窗体中。

（4）添加菜单项。

（5）设置菜单项的属性和事件。

在本任务中除了为“新增学生用户”菜单项添加代码，还可以在账户管理中的“退出”菜单项添加如下代码：

```
private void tsmiExit_Click(object sender, EventArgs e)
{
   Application.Exit();//退出当前应用程序
}
```

此时，我们使用 Application.Exit()方法退出当前应用程序，Application.Exit()方法与 this.Close()方法的区别如表 1-21 所示。

表 1-21　Application.Exit()方法与 this.Close()方法的区别

Application.Exit()方法	this.Close()方法
应用程序类 Application 的静态方法用于退出当前的应用程序	实例方法，用于关闭当前窗体；如果当前窗体是系统启动的，则执行此方法关闭窗体后，退出应用程序
如果应用程序打开了多个窗体，则关闭所有窗体	如果应用程序打开了多个窗体，则只关闭当前窗体
不会触发 FormClosing 事件和 FormClosed 事件	会触发 FormClosing 事件和 FormClosed 事件

菜单栏中的命令可以搭配快捷键，在 Visual Studio 中也可以设置菜单栏中命令的快捷键，首先选中添加快捷键的菜单项，然后在其后面输入&与快捷键字母即可。为了美观，通常我们会将快捷键放在括号“()”中，如图 1-42 所示。

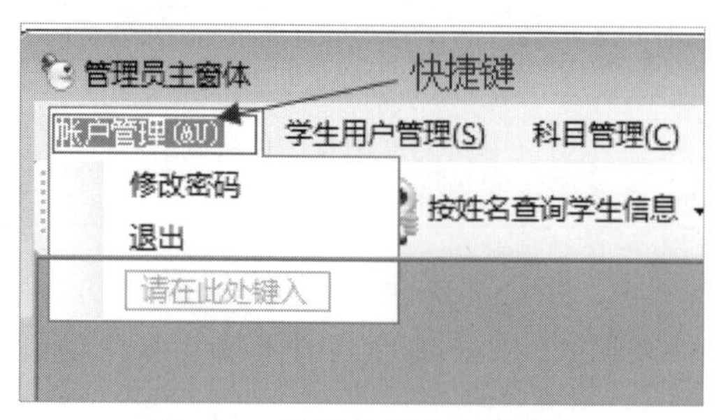

图 1-42　为菜单项添加快捷键

1.3.3　工具栏（ToolStrip）

工具栏控件可以创建功能非常强大的工具栏。工具栏控件包括按钮（Button）、标签（Label）、下拉按钮（DropDownButton）、文本框（TextBox）、组合框（ComboBox）等，可以显示文字、图片或文字加图片。

工具栏控件的主要属性如表 1-22 所示。

表 1-22 工具栏控件的主要属性

属　性	说　明
ImageScalingSize	获取或设置工具栏上所用图片的大小
Items	在工具栏中显示的项的集合

在 Items 属性的编辑窗口中，可以添加项、删除项，也可以调整各项的排列顺序，还可以设置其中每一项的属性。当然，在窗体设计器中选中工具栏中的项，可以直接在“属性”窗口设置属性。工具栏中显示的按钮和标签的主要属性、事件如表 1-23 和表 1-24 所示。

表 1-23 工具栏中按钮和标签的主要属性

属　性	说　明
DisplayStyle	图像和文本显示的方式
Image	显示的图片
ImageScaling	是否调整显示图片的大小
Text	显示的文本

表 1-24 工具栏中按钮和标签的主要事件

事　件	说　明
Click	当单击时，触发该事件

需要说明的是，工具栏中的内容一般都是在菜单栏中存在，或者说工具栏中的内容是菜单栏内容的快捷方式。因此，我们很少直接双击工具栏中的项来创建其对应的 Click 事件，而是通过事件关联的方式实现工具栏中的项的事件。

1.3.4 窗体之间跳转方法

在 Windows 程序中我们经常会遇到从当前窗体跳转到另一窗体的情况，毕竟不是所有 Windows 程序都只在一个窗体中完成所有的任务，那么在 Visual Studio 的 C#中又是如何实现这一功能呢？

操作步骤如下。

- 定义要打开的窗体对象。

语法格式如下：

```
被调用的窗体类名 窗体对象 = new 被调用的窗体类名();
```

- 显示要打开的窗体对象。

语法格式如下：

```
窗体对象.Show();
```

例如，当用户成功登录系统后，跳转到“管理员主窗体”，代码如下：

```
MainFrm mainFrm = new MainFrm();
mainFrm.Show();
```

1.3.5 创建 MDI 应用程序

1. 使用 MDI

回想一下 Windows 系统中的“记事本”程序，我们打开了一个记事本程序，如果还想在当前的记事本程序中再打开一个文件，那么新的文件被打开之后，原来的文件就会关闭。也就是说一个记事本程序只能打开一个文件，如果要打开另一个文件，要么把现在打开的文件关闭，要么就再创建一个新的记事本程序。这种类型的应用程序称为单文档界面（SDI）应用程序。

如果想要在一个窗口中打开多个文件，那么需要多文档界面（MDI）应用程序。

2. 什么是 MDI

多文档界面（MDI）应用程序能够同时显示多个文档，每个文档显示在各自的窗口中。在 MDI 应用程序中常有包含子菜单的“窗口”菜单项，用于在窗口或文档之间进行切换。

例如，我们常见的 Excel 就是 MDI 应用程序，如图 1-43 所示。

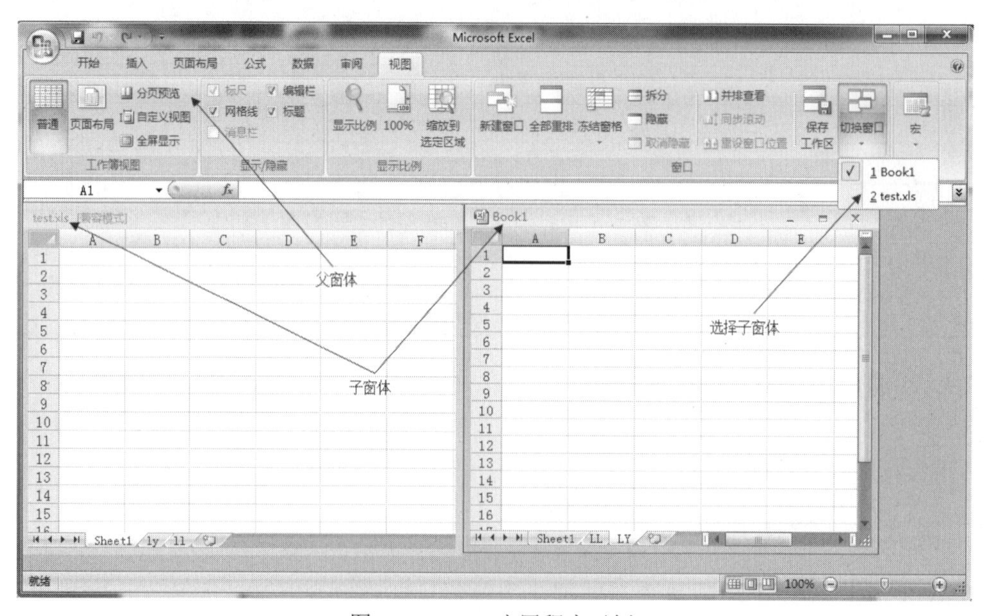

图 1-43 MDI 应用程序示例

3. 创建 MDI

创建 MDI 的步骤很简单，操作步骤如下。

（1）设置父窗体的 IsMdiContainer 属性值为 True。

（2）打开子窗体前，指定子窗体的 MdiParent 属性值为 this（父窗体），然后调用 Show()方法打开子窗体。

在“管理员主窗体”中打开新增学生子窗体（“学生信息”窗体）代码如下：

```
private void tsmiNewStudent_Click(object sender, EventArgs e)
{
    NewStudentFrm newStudent = new NewStudentFrm();
    newStudent.MdiParent = this;
    newStudent.Show();
}
```

4. 父窗体快速切换子窗体的方法

（1）在父窗体中添加菜单栏。

（2）在菜单栏中添加“窗口”菜单项。

（3）设置菜单控件的 MdiWindowListItem 属性为 tsmiWindows，如图 1-44 所示。

（4）运行程序，效果如图 1-45 所示。

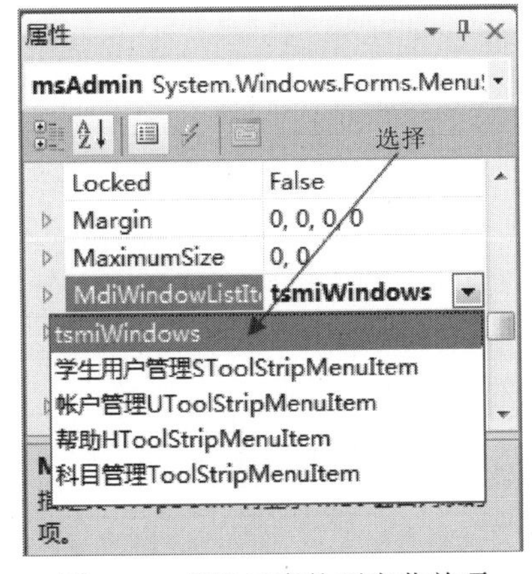

图 1-44　指定子窗体列表菜单项

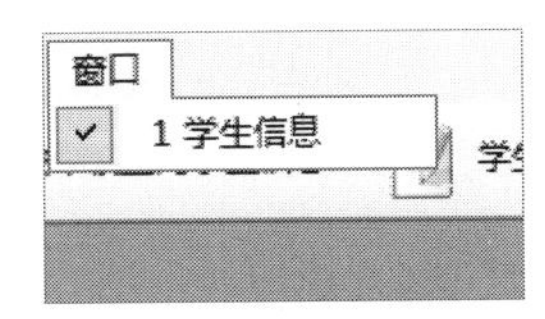

图 1-45　MDI 窗体

小贴士

很多人觉得自己不会编写程序，其实编写程序并没有想象中的那么难。编写程序可以分为三个步骤：首先确认该程序要实现什么功能，然后思考分几个步骤完成该程序，最后使用计算机语言编写程序。

例如，在本章任务中，我们主要实现了登录功能。登录功能就是要完成的事，一旦确定了要完成的事（目标），下面就要思考如何才能实现目标。最终，我们发现如果要实现登录操作，大体需要以下两个步骤。

（1）判断用户登录时输入的数据是否合法。

（2）如果用户输入的是合法数据，则允许用户登录，并显示出登录之后的第二个窗体。

明白了这些之后，下面就可以使用计算机语言实现上面的两个步骤，具体代码参考任务 1.1 中的 CheckUser()方法（第一个步骤）和打开窗体代码（第二个步骤）。

以后在编写程序时遇到问题可以采取类似的思考方式，看看自己到底是不知道要做什么事？还是不知道这件事的某个步骤如何实现？找到具体的问题，再去思考如何解决相应的问题就会做到有的放矢。

1.3.6　上机实训

【上机练习 7】

实现 ExamSystem 考试系统所有界面设计。

- 需求说明。
  - ➢ 根据本章的 3 个任务，设计 ExamSystem 考试系统所有界面。
  - ➢ 实现 MDI 应用程序的功能。
  - ➢ 实现利用菜单栏和工具栏打开相应窗体的功能。
  - ➢ 实现程序登录及退出功能。

【上机练习 8】

查阅资料理解 Form 窗体 Show()方法与 ShowDialog()方法的差异，创建两种不同类型的窗体并对两个窗体进行对比。

- 需求说明。
  - 查阅资料任务，难度一般。

【上机练习 9】

查阅资料实现只打开一个 MDI 子窗体的方法。

- 需求说明。
  - 有一定难度的查阅资料任务。
  - 实现打开 MDI 子窗体的功能。
  - 当打开 MDI 子窗体时，如果已经打开其他子窗体，则不可以再打开另一个 MDI 子窗体，并将打开的 MDI 子窗体放在所有子窗体的最前面。
  - 只有当关闭当前子窗体时才可以再次打开新的子窗体。

任务自测表（请在下面记录表中记录自己的学习情况，看看自己掌握的程度）

任务 1.3	看懂本任务的代码	上机练习 7	上机练习 8	上机练习 9

归纳与总结

- 窗体常用属性。
- 标签、文本框、按钮、组合框等常用控件的属性及使用方法。
- 编写事件处理程序。
- 友好的交互：消息框的 4 种类型。
- 窗体之间如何进行跳转。
- 使用菜单栏控件显示应用程序的菜单，并执行相应的操作。
- 工具栏的使用方法。
- 单选按钮、分组框与面板等基本控件的使用方法。
- 排列窗体控件的 3 种方法：对齐控件、使用 Anchor 属性锚定控件、使用 Dock 属性停靠控件。
- 创建多文档界面（MDI）的方法。
- 创建多文档界面（MDI）时需要设置父窗体与子窗体的哪些属性。
- 如何在父窗体上建立子窗体列表。
- 工具栏项的事件如何关联到菜单栏项的事件上。

项目 2

MYATM 自动取款机

对象可以是我们研究的任何事物，同时，也可以是程序中的任何事物。从最简单的整数到复杂的飞机等均可看作对象，它不仅能表示具体的事物，还能表示抽象的规则和计划。可以说，在面向对象程序设计中，万物皆为对象。在本项目中，我们首先学习对象和类的概念，理解对象和类的区别，掌握类的构建。接着，通过 MYATM 自动取款机系统的开发，初步掌握面向对象程序设计（Object Oriented Programming，OOP）的基本实现步骤。

工作任务

- 完成 MYATM 自动取款机系统界面和类的设计。
- 完成 MYATM 自动取款机系统验证客户合法性的功能。
- 完成 MYATM 自动取款机系统查询余额的功能。
- 完成 MYATM 自动取款机系统取款与存款的功能。
- 完成 MYATM 自动取款机系统转账的功能。

技能目标

- 理解对象和类的概念。
- 学会如何构建类及其成员字段。
- 简单掌握访问修饰符的使用。
- 学会使用属性封装类。
- 掌握构造函数的基本用法。
- 掌握类中的实现方法。

预习作业

- 属性和字段有哪些区别?
- 构造函数和普通方法有哪些区别?

任务 2.1　MYATM 自动取款机系统界面和类的设计

任务描述

本章的项目是模拟实现一个简单的 MYATM 自动取款机的功能，而任务 2.1 的主要任务是实现项目的界面设计和对银行卡（Card）类的设计与实现。通过对类中字段的设计，初步建立面向对象程序设计思维与实现。

任务分析

MYATM 自动取款机系统的主要功能是插卡、查询、存取款和转账。采用 OOP 的思路设计程序，需要对问题进行分析后得出问题中存在的类，即银行卡（Card）类，然后构建对象并实现系统功能。

2.1.1 任务实现代码及说明

本系统的功能描述如下：设计一台 MYATM 自动取款机，当用户插卡后，输入账号和密码，如果账号和密码输入正确，则系统将提供 5 个功能给用户进行操作，即显示用户信息、存取款、查询余额、转账和退卡。

实现步骤如下。

（1）创建一个 Windows 窗体程序，名称为 MyATM，将默认的窗体名称修改为 MainFrm.cs，MYATM 自动取款机系统的界面设计如图 2-1 所示。

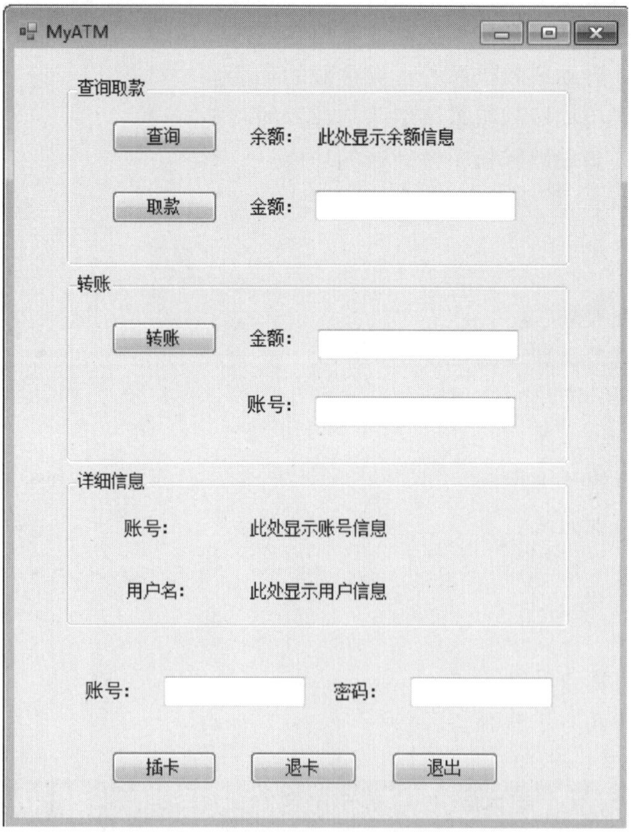

图 2-1　MYATM 自动取款机系统的界面设计

MYATM 自动取款机系统界面控件的主要属性设置如表 2-1 所示。

表 2-1 MYATM 自动取款机系统界面控件的主要属性设置

控 件	属 性	值	控 件	属 性	值
Form	Name	MainFrm	Label	Name	lblBalance
	Text	MyATM		Text	余额：
GroupBox	Name	grpQuery	Label	Name	lblMoney
	Text	查询取款		Text	金额：
GroupBox	Name	grpTransfer	Label	Name	lblShowBalance
	Text	转账		Text	此处显示余额信息
GroupBox	Name	grpInfo	TextBox	Name	txtShowMoney
	Text	详细信息	TextBox	Name	txtTrasMoney
Button	Name	btnQuery	Label	Name	lblTransMoney
	Text	查询		Text	金额：
Button	Name	btnDraw	Label	Name	lblTransNum
	Text	取款		Text	账号：
Button	Name	btnTransfer	TextBox	Name	txtTransMoney
	Text	转账	TextBox	Name	txtTransNum
Button	Name	btnInsert	Label	Name	lblUserNum
	Text	插卡		Text	账号：
Button	Name	btnQuit	Label	Name	lblUserName
	Text	退卡		Text	用户名：
Button	Name	btnExit	Label	Name	lblCardNum
	Text	退出		Text	此处显示账号信息
TextBox	Name	txtPwd	Label	Name	lblAccountName
	PasswordChar	*		Text	此处显示用户信息
TextBox	Name	txtCardNum			

（2）在项目上右击，选择添加一个类，在弹出的对话框中为该类取名为 Card，如图 2-2 和图 2-3 所示。

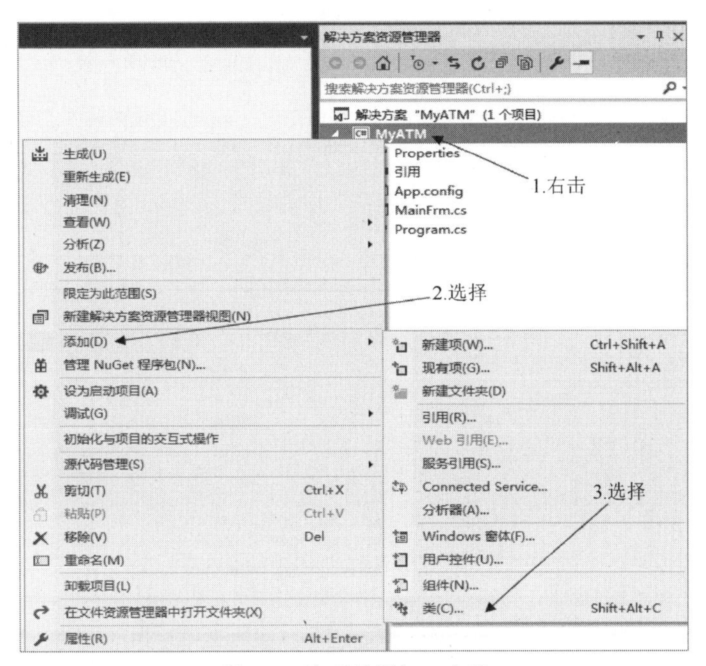

图 2-2 为项目添加一个类

图 2-3　创建类并改名

（3）在 Card 类中加入如下代码：

```
class Card
{
   private string strCardNum;                    //卡号
   private string strPwd;                        //密码
   private string strCardName;                   //用户名
   private double dBalance;                      //余额
}
```

（4）接下来使用属性对 Card 类进行封装，代码如下：

```
public class Card
    {
       private string strCardNum;
       public string StrCardNum
       {
          get { return strCardNum; }
          set { strCardNum = value; }
       }
       private string strPwd;
       public string StrPwd
       {
          get { return strPwd; }
          set
          {
             if (value.Length < 6)
                strPwd = "000000";
             else
                strPwd = value;
          }
```

```
        }
        private string strCardName;
        public string StrCardName
        {
            get { return strCardName; }
            set { strCardName = value; }
        }
        private double dBalance;
        public double DBalance
        {
            get { return balance; }
            set { balance = value; }
        }
    }
```

需要注意的是，上述代码可以使用快速方式自动生成。将鼠标移至每个字段变量上右击，按照如图 2-4 所示的方法，可以快速地为每个成员字段创建对应的属性。

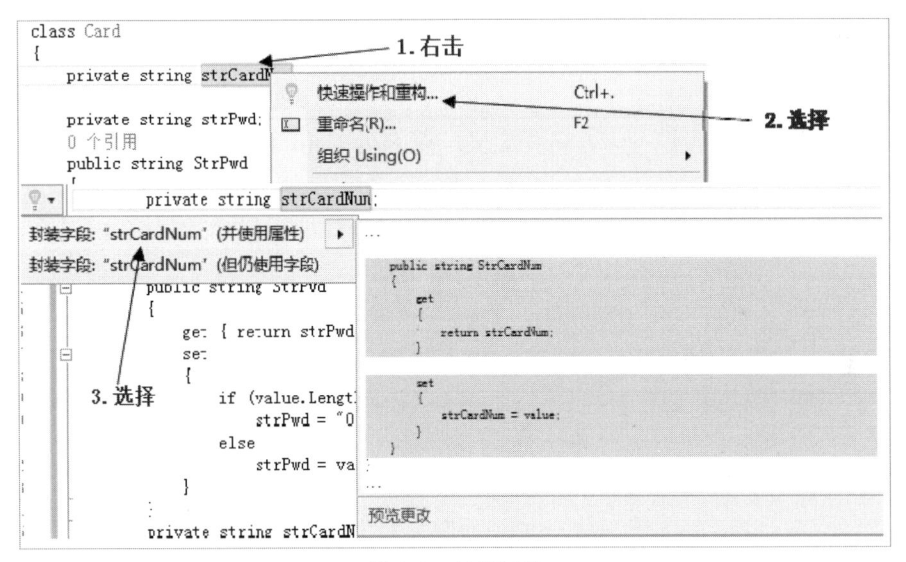

图 2-4　封装属性

小贴士

虽然任务完成了，但是我们似乎并没有遇到什么难题，无非是利用 Windows 控件设计了一个界面，并且创建了一个 Card 类。对于类，可能很多人刚接触时会感到难于理解和应用，一下子就被面向对象程序设计的众多概念所打败。其实，面向对象程序设计只不过是人们把非面向对象程序设计做了总结和优化，增加了一些更为方便并且实用的方法，很多面向对象的概念在非面向对象的程序中都有迹可循。例如，C 语言中的结构体和类非常相似。

2.1.2　对象与类

即使不理解对象与类的概念，也不会对程序员进行编程有什么本质的影响。其实这个道理很简单，计算机语言是慢慢发展起来的，通过对计算机语言的使用和总结，人们才提出了面向对象程序设计的概念，也就是说面向对象程序设计其实是编程经验的总结和提升。因此，并不是先有面向对象程序设计思想才有面向对象程序设计语言。

那么我们该如何更好地理解对象与类的概念呢？类的第一个特性就是封装性，我们把一些编程时需要用到的内容按照一定的原则放到类中，当在编程过程中需要使用这些内容时再从类中获取即可。在一般情况下，类只存放两种内容，一种是字段（一般是类的静态的描述）；另一种就是方法（一般是类的动态的描述）。

类（class）是一组具有相同特征和相同行为的对象的集合。类是对一系列具有相同性质的对象的抽象，也是对对象共同特征的描述。例如，假设每一辆汽车是一个对象，所有的汽车可以作为一个模板，我们就可以定义汽车类。

我们可以把类看成现实中的某个具体事物，如手机、汽车等都可以是一个类。

要判断一个事物到底是类还是对象，我们常用“is-a”（是一个）来表达类与对象之间的关系。例如，建设银行卡是银行卡的一种；可乐是一种饮料；篮球是一项球类运动。

所以，建设银行卡和工商银行卡都是对象，属于“银行卡”类的一份子，它们均有共同的特点——记录用户的账号、密码等信息。同理，可乐是对象，饮料是类。篮球是对象，球类运动是类。

1．类的定义

定义一个类，需要考虑以下两个问题。

（1）我们想要描述哪些对象？

如果要描述张三的一张银行卡，首先定义一个名为 Card 的银行卡类，然后根据该类创建不同的银行卡对象。

语法格式如下：

```
class 类名
{
//类成员
}
```

例如：

```
class Card
{  //…
}
```

（2）对象有哪些特征？

根据常识可知，银行卡类的主要特征是卡号、用户名、密码、余额等（这些就是类的字段）。因此，进一步修改上述实例。

```
class Card
{
    public string strCardNum;                //卡号
    public string strPwd;                    //密码
    public string strCardName;               //用户名
     public double dBalance;                 //余额
}
```

这里定义了一个名为 Card 的类，其中包括了 4 个类的成员，表示该类具有卡号（strCardNum）、密码（strPwd）、用户名（strCardName）和余额（dBalance）4 个特征。在定义类时，类的特征可以用字段表示。

2．类的实例化

类的目的是创造新的数据类型。为了描述自然界的事物，必须有各种数据类型。而 C#只提供了几种有限的数据类型，如 int、string 等。

在 C#中，int、string、char 等被称为基本数据类型，而通过类创造出来的类型被称为抽象数据类型。

- 由基本数据类型所声明的变量，称为变量。
- 由抽象数据类型所声明的变量，称为对象。

类的实例化过程，就是通过类创建对象的过程。

语法格式如下：

```
类名 对象名 = new 类名( );
```

我们来想象下面的场景：张三到银行新办理了一张银行卡，卡号是“1001”，密码是“000000”，张三在银行卡里存了 200 元人民币。那么如何使用代码表示呢？

【实例 2-1】类的实例化和对象的使用，代码如下：

```
class Card
    {
        public string strCardNum;                //卡号
        public string strPwd;                    //密码
        public string strCardName;               //用户名
        public double dBalance;                  //余额
    }
    public partial class Form1 : Form
    {
        private void btnCreate_Click(object sender, EventArgs e)
        {
            Card myCard = new Card();
            myCard. strCardNum = "1001";
            myCard. strPwd = "000000";
            myCard. strCardName = "张三";
            myCard. dBalance = 200;
        }
  }
```

说明如下。

- Card 类的声明最好是放在其他类的外面，注意类中不要再定义子类，即不要出现类的嵌套。在这个实例中，Card 类和测试用到的 Form1（窗体）类是同等级别。
- 当创建一个对象后，可以对该对象的特征赋值。

语法格式如下：

```
对象名.字段名 = 值;
```

- 在 Card 类的定义中，出现了关键字 public，该关键字是一个访问修饰符，表示该字段的访问权限。

类在实例化时会用到关键字 new，可以理解为创建一个新的对象。例如，下面两句代码其实没有什么本质区别。

```
Card myCard = new Card();
int  num    = 0;
```

类名可以被当成是一种数据类型(Card=int), 对象名可以被当成是变量名(myCard= num)。

2.1.3　访问修饰符

访问修饰符是一些关键字，用于指定声明的成员或类型的可访问性。访问修饰符包括以下 4 种：public、protected、internal 和 private，如表 2-2 所示。

表 2-2　访问修饰符

访问修饰符	说　明
public	访问不受限制
protected	访问仅限于包含类或从包含类派生的类型
internal	访问仅限于当前程序集
private	访问仅限于包含类的类型

现阶段，我们只需掌握 public 和 private 的区别即可。在实际编写程序中，我们如何选择访问修饰符呢？有个简单的方法可以供大家参考。如果要操作的内容（不管是字段、属性还是方法）只是在类的内部，那么可以使用 private。如果不仅仅是在类的内部进行操作，其他的类也需要对其进行操作，那么只能使用 public。这个道理有点类似变量的生存区间，在方法内部声明的变量如果在方法外对其进行访问，必然会出现访问变量不存在的错误。

把【实例 2-1】中 Card 类成员字段前面的 public 全部删除，会出现什么情况呢？

在运行程序时，出现编译错误，如图 2-5 所示。

错误列表

整个解决方案　错误 4　警告 4　消息 0　生成 + IntelliSense　搜索错误列表

代码	说明	项目	文件	行	禁止显示状态
CS0122	"Form1.Card.strCardNum" 不可访问，因为它具有一定的保护级别	MyATM	Form1.cs	36	活动
CS0122	"Form1.Card.strPwd" 不可访问，因为它具有一定的保护级别	MyATM	Form1.cs	37	活动
CS0122	"Form1.Card.strCardName" 不可访问，因为它具有一定的保护级别	MyATM	Form1.cs	38	活动
CS0122	"Form1.Card.dBalance" 不可访问，因为它具有一定的保护级别	MyATM	Form1.cs	39	活动

图 2-5　编译错误

这是因为，当字段前面没有访问修饰符时，系统默认的访问权限等同于 private，即该字段只能在 Card 类内部被识别，而在 Form1 类中是无法访问的。所以，如果想要 Card 类的字段在其他类中可以被访问，请在字段前面添加 public。

如果类中的内容只在当前类中使用，那么它的访问权限只需要设定为 private 即可。但是，

如果某个类中的内容需要被另一个类来访问或操作，那么必须把它的访问权限设定为 public，不论这个内容是字段还是方法。

2.1.4 对象的属性

什么是属性？我们先来看下面这段代码。

```
class Card
{
    public string strCardNum;                   //卡号
    public string strPwd;                       //密码
    public string strCardName;                  //用户名
    public double dBalance;                     //余额
}
public partial class Form1 : Form
{
    private void btnCreate_Click(object sender, EventArgs e)
    {
        Card myCard = new Card();
        myCard. strCardNum = "1001";
        myCard. strPwd = "111";                 //与我们期望的密码位数不同
        myCard. strCardName = "张三";
        myCard. dBalance = -200;                //负数不符合实际情况
    }
}
```

上面的程序运行时没有问题，但是，新创建的银行卡却和现实生活中不相符。密码的位数不符合要求，而且普通的银行卡余额是不能出现负数的。

那么，有没有一种办法，限制对敏感字段的数据更新操作呢？属性能帮助我们实现这个要求。属性是类的成员，它们提供了通过访问器读写或计算私有字段值的灵活机制。

语法格式如下：

```
type name{
get{……}                                        //获得域变量的值
set{……}                                        //设置域变量的值
}
```

其中，type 指定属性的类型，name 指定属性的名称。get 访问器和 set 访问器用于读取和设置字段的值。

【实例 2-2】 演示了属性的创建和使用，代码如下：

```
class Card
{
    public string strCardNum;                   //卡号
    private string strPwd;                      //密码
    public string StrPwd                        //密码对应的属性
    {
```

```
            get { return strPwd; }
            set { strPwd = value; }
        }
        public string strCardName;                      //用户名
        public double dBalance;                         //余额
    }
    public partial class Form1 : Form
    {
        private void btnCreate _Click(object sender, EventArgs e)
        {
            Card myCard = new Card();
            myCard. strCardNum = "1001";
            myCard. StrPwd = "111";                     //对密码属性赋值
            myCard. strCardName = "张三";
            myCard. dBalance = -1000;
            MessageBox.Show(myCard. StrPwd);            //显示用户的密码
        }
    }
```

上面的实例对私有字段 strPwd 进行了属性封装，在测试类中，均通过属性 StrPwd 进行读取和设置。

分析上面的程序可以发现，属性由两部分组成：get 访问器和 set 访问器。

这里的访问器不是方法，而是用大括号括起来的代码段。属性是对字段的封装，get 访问器使用 return 语句获取字段的值；而 set 访问器是将外部的值赋给该字段，其中 value 是关键字，表示外部值。这样，对属性的读写操作实际上是对字段的操作。如图 2-6 所示为属性的工作过程。

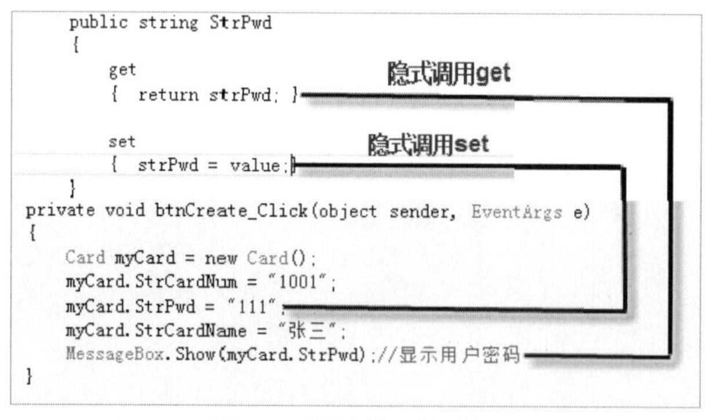

图 2-6　属性的工作过程

有的人可能会问，属性和字段有什么区别？如果将字段的访问修饰符设置为 public，那么和属性是不是一样呢？下面，我们看一个属性约束字段赋值的实例。

【实例 2-3】 通过 set 访问器控制属性的赋值操作，代码如下：

```
class Card
    {
        public string strCardNum;              //卡号
        private string strPwd;                 //密码
```

```
        public string strCardName;          //用户名
        public double dBalance;             //余额
        public string StrPwd
        {
            get
            {   return strPwd;    }

            set
            {
                if (value.Length<6)
                {
                    strPwd = "000000";
                }
                else
                {
                    strPwd = value;
                }

            }
        }
    }   public partial class Form1 : Form
  {
    private void button1_Click(object sender, EventArgs e)
    {
        Card myCard = new Card();
        myCard.strCardNum = "1001";
        myCard.StrPwd = "111";              //创建的用户密码不足 6 位
        myCard.strCardName = "张三";
        myCard.dBalance = 200;
        MessageBox.Show(myCard.StrPwd);        }
}
```

上面程序的运行结果如图 2-7 所示。

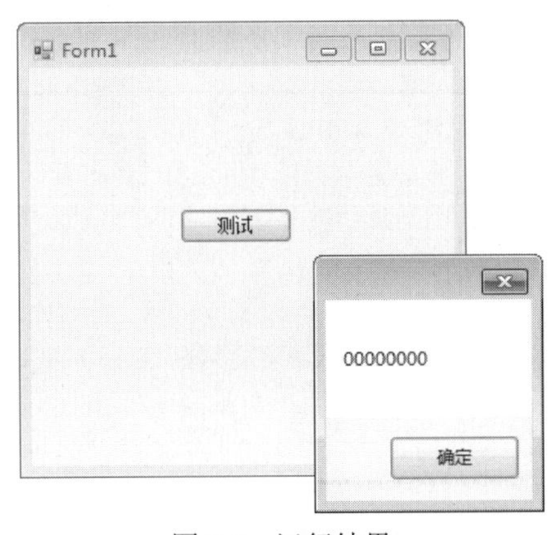

图 2-7　运行结果

可以看到，当为 StrPwd 属性进行赋值时，set 访问器先对传入访问器的参数值 value 进行约束判断，再赋值给 strPwd 字段。这样，既可以透明地公开类中的字段值，又可以在数据被更改时，及时进行判断和处理。

同样，对 get 访问器进行约束判断可以在读取字段时，进行相应的处理。在下面的实例中，如果在创建对象后，用户忘记了对属性 Name 进行赋值，当读取属性 Name 时，将自动显示“不详”的信息，而此时的字段_name 值并没有发生任何改变。

【实例 2-4】通过 get 访问器控制属性的读取操作，代码如下：

```
class Student
{
    private string _name;
    public string Name
    {
        get
        {
            //如果_name 没有赋值，则采用默认值“不详”
            return _name != null ? _name : "不详";
        }
        set
        {
            _name = value;
        }
    }
}
```

此外，使用属性时还需要注意以下几点。

- 属性的数据类型一般来说要与它所访问的字段相一致。如果密码字段 strPwd 是字符串型，那么它的属性 StrPwd 也是字符串型。
- 属性的访问类型分为以下 3 种。
  - 只读属性：只包含 get 访问器。
  - 只写属性：只包含 set 访问器。
  - 读写属性：包含 set 和 get 访问器。

【实例 2-5】演示只读属性的创建和使用，代码如下：

```
class Student
{
    private int averageScore = 70;
    public int AverageScore                               //只读属性
    {
        get { return averageScore; }
    }
}
public partial class Form1 : Form
{
    private void button1_Click(object sender, EventArgs e)
```

```
    {
        Student s1 = new Student();
        s1.AverageScore=88;
        MessageBox.Show("平均分为"+ s1.AverageScore);        //读取属性的值
    }
}
```

在运行上面的程序时，会出现如图 2-8 所示的编译错误，因为它试图为只读属性赋值。

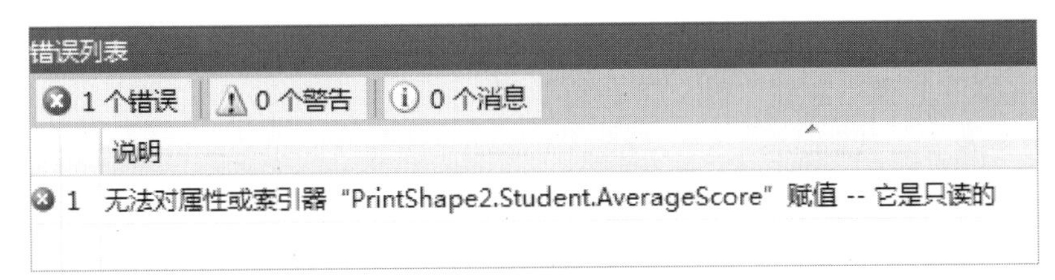

图 2-8　编译错误

由此引出了属性与字段的区别。

- 属性是逻辑字段。

属性通过 get()方法和 set()方法实现对字段的封装。在 get()方法和 set()方法中，甚至可以改变原始变量的值。

- 属性是字段的扩展。

属性必须和所封装的字段保持相同的返回值。与字段类似，属性也可以附加任何访问修饰符，属性也可以是 static 的。

- 与字段不同，属性不直接对应于存储位置。

相应地，属性与方法的区别：属性与方法不同，属性既不使用小括号，也不必指定 void；而对于实现相似功能的方法来说，必须使用小括号。

2.1.5　常见错误与问题

大家在创建类时，对类中的字段和属性都使用了适当的访问修饰符，却忽视了类本身的访问性。在下面的实例中，由于 class 类忽略了访问修饰符，系统默认对 class 类的访问性为 internal。此时，class 类中的属性即使定义了 public，由于收到包含它的类的访问修饰符的限制，因此访问级别为 internal。在多项目程序中，这点往往会带来问题，最好的办法是为 class 类加上一个明确的访问修饰符 public。

代码如下：

```
class Card
    {
        private string strCardNum;
        public string StrCardNum
        {
            get { return cardNum; }
            set { cardNum = value; }
        }
}
```

2.1.6 上机实训

【上机练习 1】

创建系统界面和设计 Card 类。

- 需求说明。
  - ➢ 创建 SimATM 项目。
  - ➢ 设计主窗体 MainForm，按照要求添加各种控件并修改属性。
  - ➢ 添加 Card 类，为 Card 类设计字段和属性。
  - ➢ 在主界面创建“测试”按钮，进行测试。
- 实现思路及关键代码。
  - ➢ 创建主窗体 MainForm，其界面参考图 2-1。
  - ➢ 添加 Card 类，代码参考 2.1.1 节实现。
  - ➢ 在主窗体 MainForm 中添加一个“测试”按钮，在按钮的 Click 事件中对 Card 类进行实例化，并显示相关信息，代码如下：

```
private void button1_Click(object sender, EventArgs e)
{
    Card myCard = new Card();
    myCard.StrCardNum = "1001";
    myCard.StrPwd = "123456";
    myCard.StrCardName = "张三";
    myCard.DBalance = 200;
    MessageBox.Show(("卡号"+mycard. strCardNum +"创建成功! ");
}
```

【上机练习 2】

- 查阅资料理解面向对象程序设计的特征——封装性。并将自己理解的封装性解释给其他人，使其他人也理解封装性的概念。

【上机练习 3】

- 查阅资料理解面向对象程序设计的其他特征，即抽象性、继承性和多态性，并尝试理解。

任务自测表（请在下面记录表中记录自己的学习情况，看看自己掌握的程度）

任务 2.1	看懂本任务的代码	上机练习 1	上机练习 2	上机练习 3

任务 2.2 MYATM 自动取款机系统验证账户

任务描述

使用银行卡对象数组存储多张银行卡，编写方法实现 MYATM 自动取款机的登录验证功能。即银行中存在多张银行卡，而用户输入正确银行卡信息才能够登录 MYATM 自动取款机系统。

任务分析

通过构造函数的方式创建银行卡对象，并将系统中的银行卡对象保存在 allCards 银行卡对象数组中，创建方法验证用户插入的银行卡是否和银行卡对象数组中的银行卡对象一致，如果一致则插卡成功，否则插卡失败。

2.2.1 任务实现代码及说明

本节要实现的功能：当用户插入银行卡后，如果账号和密码输入正确，则显示验证成功的信息，否则显示验证的失败信息，无法进行后续操作。

实现步骤如下。

（1）打开之前创建的 Card 类，为 Card 类添加两个构造函数，代码如下：

```
public class Card
{
    public Card()                              //可以构造一个什么都不实现的无参构造函数
    {
    }
    //4 个参数的构造函数，分别对用户名、账号、密码、存款进行赋值
public Card(string sName, string sNum, string sPwd, double dMoney)
    {
        strCardName= sName;
        strCardNum= sNum;
        strPwd = sPwd;
        dBalance = dMoney;
    }

//其他代码
}
```

（2）切换到 MainFrm.cs 代码中，找到 MainFrm 类，为其添加两个银行卡对象，分别表示当前插入的银行卡和银行里登记的所有银行卡（以银行中存在 3 张银行卡为例，用户可以根据自己的需要指定银行卡的数量），代码如下：

```
public partial class MainFrm: Form
{
    Card insertedCard;                        //当前插入的银行卡
    Card[] allCards = new Card[3];            //银行里登记的所有银行卡
}
```

（3）找到 MainFrm()方法，在 InitializeComponent()方法后面添加如下代码：

```
public partial class MainForm : Form
{
    Card insertedCard;                        //记录当前插入的银行卡
```

```
    Card[] allCards = new Card[3];          //保存银行中所有的银行卡

    public MainFrm()
    {
        InitializeComponent();

        //添加的代码
        Card myCard0 = new Card("张三", "1001", "123456", 200);
        Card myCard1 = new Card("李四", "1002", "456789", 300);
        Card myCard2 = new Card("王五", "1003", "789123", 500);
        allCards[0] = myCard0;
        allCards[1] = myCard1;
        allCards[2] = myCard2;
    }
}
```

在上面的代码中，将创建3张银行卡，并保存到存放银行卡的数组中。为了简化代码和演示方便，我们假设该银行里只有3张银行卡。

（4）切换到主窗体界面，单击“插卡”按钮，进入该按钮的Click事件中，输入如下代码：

```
bool bInsertCardFlag = false;                   //开始默认没有插入银行卡，所以取值为假
private void btnInsert_Click(object sender, EventArgs e)//插入银行卡
{
    string strNum = txtCardNum.Text;
    string strPwd = txtPwd.Text;
    //使用for语句判断文本框中的值是否和数组中的卡一一对应
    for (int i = 0; i < allCards.Length; i++)
    {
     if (strNum == allCards[i].StrCardNum&& strPwd == allCards[i].StrPwd)
        {
            MessageBox.Show("插卡成功，欢迎使用ATM ");
            lblCardNum.Text = allCards[i].StrCardNum;
            lblAccountName.Text = allCards[i].StrCardName;
            insertedCard = allCards[i];         //保存当前插入的银行卡
            bInsertCardFlag = true;             //设为插入银行卡成功
            return;
        }
    }
    MessageBox.Show("用户名或密码不正确，请重新输入");
}
```

当输入错误的用户名和密码时，弹出提醒消息框，如图2-9所示。当输入正确的用户名和密码时，弹出插卡成功消息框，如图2-10所示。

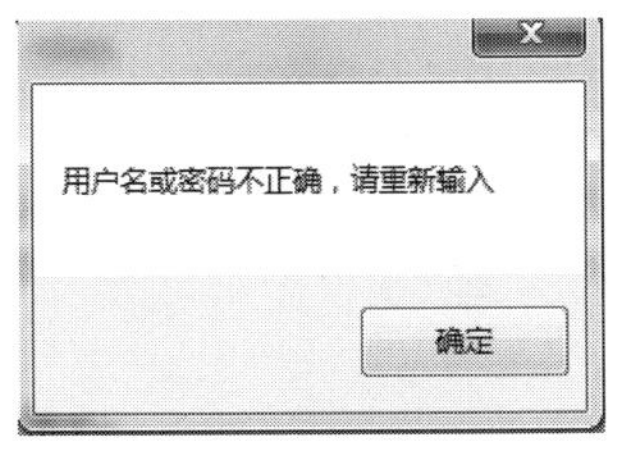

图 2-9　提醒消息框

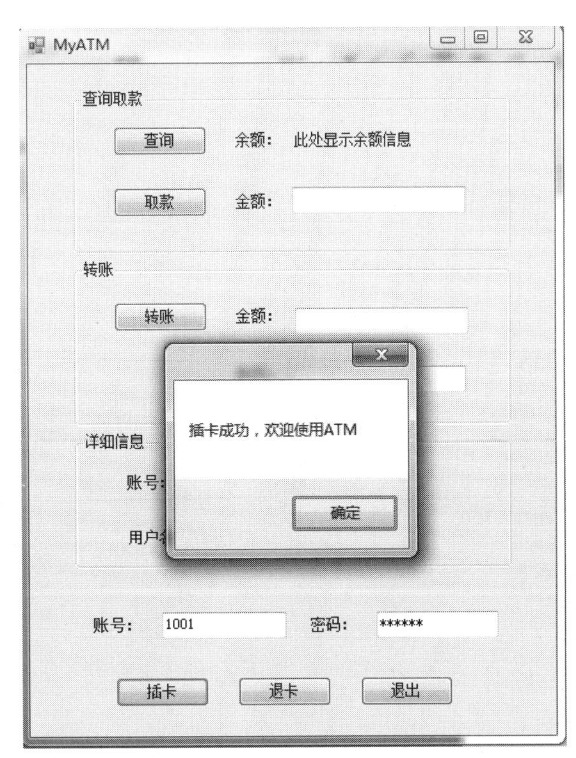

图 2-10　插卡成功消息框

2.2.2　构造函数

构造函数用于执行类的实例的初始化。每个类都有构造函数，即使我们没有声明它，编译器也会自动地为我们提供一个默认的构造函数。在访问一个类时，系统将最先执行构造函数中的语句。

声明构造函数的语法格式如下：

```
[访问修饰符] 类名()
{
    //构造函数的主体
}
```

关于构造函数需要注意以下几个方面。

- 一个类的构造函数必须与类名相同，这是对构造函数的要求，也是构造函数的明显表现。
- 构造函数不声明返回类型，也就是说构造函数没有返回值，因为构造函数的目的是赋值，不需要返回任何内容。
- 构造函数默认为 public 类型。如果是 private 类型，表明类不能被实例化，这通常用于只含有静态成员的类。
- 在构造函数中不要做对类的实例进行初始化以外的事情，也不要尝试显式地调用构造函数。
- 构造函数可以有参数，也可以没有参数。但是，如果定义了有参数的构造函数，那么最好最好先定义一个无参数的构造函数，即使该无参数的构造函数中没有任何语句。

创建对象和调用构造函数均可以使用 new 运算符来实现，语法格式如下：

```
类名 对象=new 类名();
```

或

```
类名 对象;
对象=new 类名();
```

【实例 2-6】演示了简单构造函数的使用，代码如下：

```
class A
{
    public A()
    {
        Console.WriteLine("构造函数运行中");
    }
}
class Program
{
    static void Main(string[] args)
    {
        A a = new A();
    }
}
```

上面程序的运行结果如图 2-11 所示。

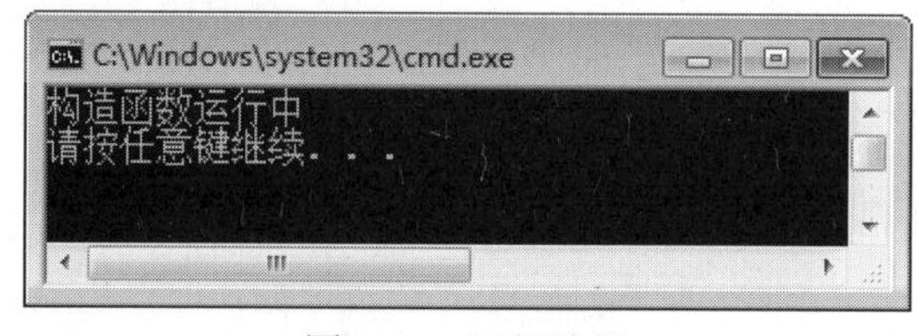

图 2-11　运行结果

【实例 2-7】演示了默认构造函数的使用，代码如下：

```
public class Card
{
    private string  strNum;                    //账号
    private string  strPwd;                    //密码
    private string  strName;                   //用户名
    private double  dBalance;                  //余额

    public Card()
    {
        this. strName = "";
        this. dBalance = 1;
        this. strPwd = "00001111";
        this. strNum = "9558825547552147";
    }
```

```
    static void Main(string[] args)
    {
        Card myCard = new Card();
        Console.WriteLine("账号: " + myCard. strNum);
        Console.WriteLine("密码: " + myCard. strPwd);
        Console.WriteLine("用户名: " + myCard. strName);
        Console.WriteLine("余额: " + myCard. dBalance.ToString());
    }
}
```

上面的程序定义一个无参数的构造函数 Card()，当实例化 Card 对象时，自动调用该构造函数为 4 个成员变量赋值。上面程序的运行结果如图 2-12 所示。

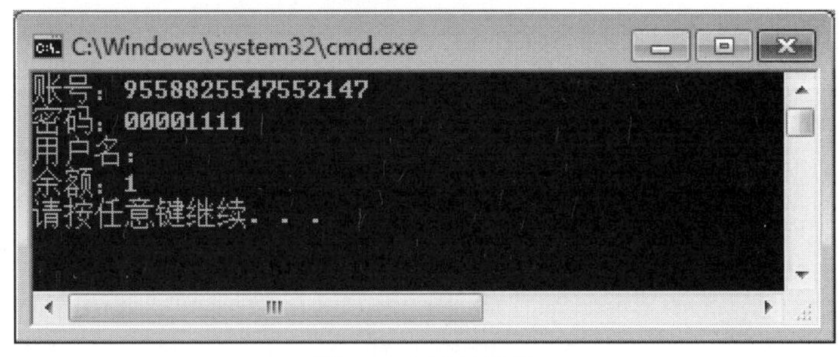

图 2-12　运行结果

通过上面的程序可以发现，不带参数的构造函数虽然可以为对象赋初值，但是这样的赋值是固定的，缺少灵活性。更多时候，在对类进行实例化时，通过传递数据为对象进行特定的初始化赋值。这时，我们可以使用带参数的构造函数，实现对类不同实例初始化赋值。

在带有参数的构造函数中，类在实例化时必须传递参数，否则该构造函数不被执行。

声明带参数的构造函数的语法格式如下：

```
[访问修饰符] 类名([参数列表])
{
    //构造函数的主体
}
```

创建对象和调用构造函数均需要使用 new 运算符来实现，语法格式如下：

```
类名 对象=new 类名([参数列表]);
```

或

```
类名 对象;
对象=new 类名([参数列表]);
```

【实例 2-8】演示了带参数的构造函数的应用，代码如下：

```
public class Card
{
    private string  strNum;                  //账号
```

```
    private string  strPwd;                          //密码
    private string  strName;                         //用户名
    private double  dBalance;                        //余额

    public Card()                                    //无参构造函数
    {
       this. strName = "";
       this. dBalance = 1;
       this. strPwd = "00001111";
       this. strNum = "9558825547552147";
    }
    //带参数的构造函数
    public Card(string sName, double dMoney, string sPwd, string sNum)
    {
       this. strName = sName;
       this. dBalance = dMoney;
       this. strPwd = sPwd;
       this. strNum = sNum;
    }

    static void Main(string[] args)
    {
       Card myCard = new Card("张三", 1000, "11223344", "955887654321");
       Console.WriteLine("账号: " + myCard. strNum);
       Console.WriteLine("密码: " + myCard. strPwd);
       Console.WriteLine("用户名: " + myCard. strName);
       Console.WriteLine("余额: " + myCard. dBalance.ToString());
    }
}
```

上面程序的运行结果如图 2-13 所示。

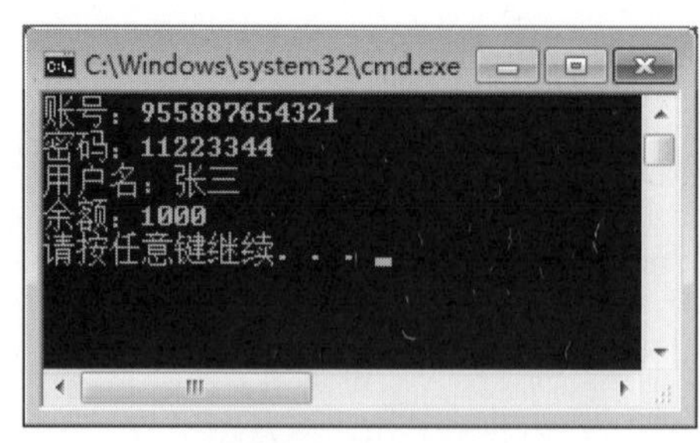

图 2-13　运行结果

2.2.3　使用数组保存数据

C#程序员经常会面对这种情况，程序需要处理一组数据，这组数据由多个元素组成，这些数据元素属于同一种数据类型。此时我们可以将这组数据看成一个整体，为整组数据命名一个变量名。这种数据结构在 C#中被称为数组，即在内存中连续存储的同一类型的数据。

ATM 自动取款机系统也使用到了数组。将银行内部注册过的银行卡保存在数组中。当然，后面学习了数据库的相关知识，可以将银行卡信息保存在数据库中。

1．声明和分配数组

数组要占用计算机的内存空间。在使用数组时，先要指定该数组元素的类型，也就是声明数组。

声明数组的语法格式如下：

```
类型[ ]  数组变量名 ;
```

例如：

```
int [ ] stuArr;
string [ ] words;
float [ ] f1,f2;
```

在声明数组后，还需要使用 new 运算符为每个数组的元素个数动态分配存储空间，例如：

```
int [ ] stuArr;                              //声明数组
strArr = new int [5];                        //给数组分配元素
```

上面创建数组的方法也可以用一步来完成，例如：

```
int [ ] stuArr = new int [5];
```

stuArr 是一个整型数组，它表示具有 5 个整数的整体。要想使用数组的某个元素，必须使用下标运算符[ ]。例如，第 1 个整数用 stuArr[0]表示，第 5 个整数用 stuArr[4]表示。这里一定要注意，数组的下标是从 0 开始的。

stuArr[]数组在内存中的表示如图 2-14 所示。

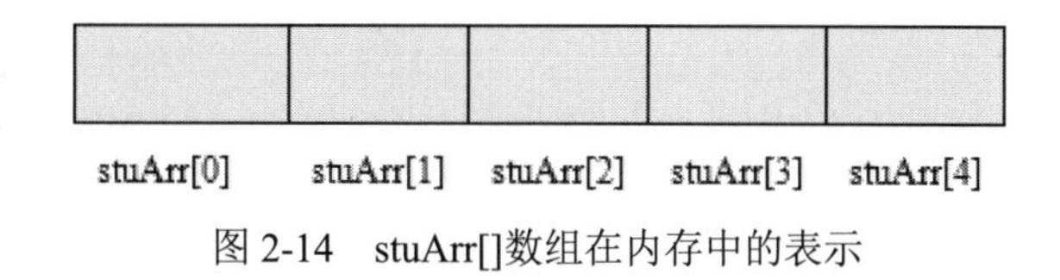

图 2-14　stuArr[]数组在内存中的表示

使用数组一定要注意，如果出现下面的赋值语句，那么将会出现索引超出界限的错误。

```
stuArr[5] = 100;  //下标的最大值为 4，将出现索引超出界限的错误
```

数组分配好后，数组元素会自动被赋予默认值。数值类型的数组变量初始化为 0，布尔变量初始化为 false，引用类型的初始化为 null。

2．数组的初始化和赋值

我们可以在创建数组的同时进行初始化，也可以在创建数组后为数组元素单独赋值，例如：

```
int[ ] array = new int [5]{0,1,2,3,4};       //创建一个含有 5 个元素的数组
int[ ] array = new int [ ]{0,1,2,3,4};       //省略数组长度
int[ ] array = {0,1,2,3,4};                  //省略 new
```

这三条语句都是声明并初始化了一个长度为 5 的整型数组，并给数组中的每个元素都赋了初值。但它们也有一点区别：第一条语句我们使用了[5]，表示数组长度由方括号中的数字 5

决定。后面的两条语句省略了数组长度，表示数组长度由大括号中的初值个数决定。

数组的初始化既可以在创建数组时进行，也可在创建数组之后进行，这称为数组的赋值，例如：

```
int[ ] array = new int [5];
array[0]=0;
array[1]=1;
```

当数组个数很多时，这种赋值方式并不适用。这时，如果赋值满足某种规律，我们可以使用循环语句为数组赋值。

如果想要将 array 中所有的元素都设定为下标对应的值，可以使用 for 循环语句，例如：

```
int[ ] array = new int [5];
for(int i=0;i<5;i++)
    array[i]=i;
```

使用 while 语句也可以实现对数组的循环赋值。其实，C#还为我们提供了一种非常方便地访问数组中元素的方法——foreach 语句。

foreach 语句的语法格式如下：

```
foreach(元素类型 变量 in 数组)
     嵌入语句
```

其中，in 为关键字，表示从数组中逐个取出元素，放入变量中，并应用在下面的嵌入语句里。

```
int[] arr1=new int[] {1,2,3,4,5}
foreach(int i in arr1)
    Console.WriteLine(i);
```

那么，使用 foreach 语句可以实现上面的功能吗？观察下面的代码：

```
int[] array = new int[5];
foreach (int x in array)
   x = 100;
```

我们发现，运行上面的程序会出现编译错误。这是以为 foreach 语句中的迭代变量是只读的。因此，不能通过它改变数组元素的值。但是，我们可以使用 foreach 语句输出数组元素的值。这是 for 语句和 foreach 语句的主要区别。

【实例 2-9】使用 for 语句和 foreach 语句操作数组，代码如下：

```
static void Main(string[] args)
{
    int[] array = new int[5];
    for (int i = 0; i < 5; i++)                    //使用 for 语句为数组赋值
        array[i] = i;

    Console.WriteLine("数组的元素为");              //使用 foreach 语句显示元素
```

```
    foreach (int x in array)
        Console.WriteLine(x);
}
```

下面的代码实现了将银行卡中的每个 Card 对象逐一和用户的输入数据进行匹配，从而实现对银行卡进行验证的功能。

```
private void btnInsert_Click(object sender, EventArgs e)//插入银行卡
        {
            string cardnum = txtCardNum.Text;
            string pwd = txtPwd.Text;
            //使用 for 语句判断文本框中的值是否和数组中的卡一一对应
            for (int i = 0; i < allCards.Length; i++)
            {
                if (cardnum == allCards[i].CardNum && pwd == allCards[i].Password)
                {
                    MessageBox.Show("插卡成功，欢迎使用 ATM ");
                    lblCardNum.Text = allCards[i].CardNum;
                    lblAccountName.Text = allCards[i].AccountName;
                // 将核对成功后的银行卡的卡号赋值给当前插入的银行卡
                insertedCard = allCards[i];
                    return;
                }
            }
            MessageBox.Show("用户名或密码不正确，请重新输入");
        }
```

在上面的代码中，首先获取用户输入的账号和密码，然后使用 for 语句逐一与数组中的账号和密码进行匹配。如果匹配成功，则将账号和用户名显示在窗体上，并将核对成功后的银行卡的卡号赋值给当前插入的银行卡对象，否则显示错误信息。

2.2.4 常见错误与问题

有一个 Card 类，现在，通过带参数的构造函数创建 Card 对象，代码如下：

```
public class Card
    {
        private string cardNum;                //卡号
        private string password;               //密码
        private string accountName;            //用户名
        private double balance;                //余额
        public Card(string ac, double b, string p, string c)
        {
            this.accountName = ac;
            this.balance = b;
            this.password = p;
            this.cardNum = c;
```

```
        }
        static void Main(string[] args)
        {
            Card mycard = new Card("张三", "11223344",1000, "955887654321");
        }
    }
```

程序编译错误，如图 2-15 所示。

错误列表

3 个错误 | 0 个警告 | 0 个消息　　搜索错误列表

	说明	文件	行	列	项目
1	与"Test.Card.Card(string, double, string, string)"最匹配的重载方法具有一些无效参数	Program.cs	34	27	Test
3	参数 3: 无法从"int"转换为"string"	Program.cs	34	53	Test
2	参数 2: 无法从"string"转换为"double"	Program.cs	34	42	Test

图 2-15　程序编译错误

从图 2-15 可以看出，在调用带参构造函数时出现了问题。对照 Card 的定义，第二个参数表示余额，应为 double 类型，而在调用时传入了 string 类型的参数，由于参数类型不匹配产生了程序编译错误。因此，在调用带参构造函数时一定要确保传入的参数与定义的参数在类型上保持一致。

2.2.5　上机实训

【上机练习 4】

完善"插卡"按钮的功能，实现对银行卡的验证。

- 需求说明。
  - ➢ 为 Card 类添加构造函数。
  - ➢ 设计一个数组，保存银行系统注册的银行卡。
  - ➢ 设计事件相应程序，完成将用户输入的账号密码和银行系统内部的银行卡进行匹配的功能。
- 实现思路及关键代码。
  - ➢ 修改 Card 类，添加两个构造函数，代码参考 2.2.1 实现。
  - ➢ 切换到主窗体界面，单击"插卡"按钮，实现对银行卡的验证功能。

【上机练习 5】

完善"查询"按钮的功能，当验证通过后，实现对银行卡当前余额的查询功能。

- 需求说明。
  - ➢ 当验证通过后，将核对成功后的卡号赋值给当前插入的银行卡。
  - ➢ 设计事件相应程序，显示当前插入的银行卡的余额信息。
- 实现思路及关键代码。
  - ➢ 切换到主窗体，单击"查询"按钮，输入如下代码。

```
private void btnQuery_Click(object sender, EventArgs e)//查询
{
        if (insertedCard!=null)
        {
```

```
            lblBalance.Text = insertedCard.DBalance.ToString();
        }
    }
```

当用户没有进行验证时，就单击了“查询”按钮，余额是不能显示出来的，因为此时表示当前插入的银行卡的成员字段 insertedCard 没有被赋值，还是 null。如果已经通过了验证，则在主窗体上显示当前银行卡的 Balance 属性，即银行卡的余额信息。运行结果如图 2-16 所示。

图 2-16　运行结果

➢ 思考。

如果将“查询”按钮中事件中的 if 语句改为：

```
if (bInsertCardFlag)
```

请思考并比较两种语句写法的区别，两种语句写法是否逻辑等价？自己更喜欢哪种写法？

【上机练习 6】

完善登录功能，如果已经插卡成功登录，则必须退卡后才能进行再次插卡。如果在插卡成功的状态下插卡，即使输入的是正确的用户登录信息也要提醒用户此时已有银行卡已经成功插入，请退卡后再进行插卡。

再次插卡成功时应当清除之前插入银行卡的信息，如账号、用户名、余额等信息。

任务自测表（请在下面记录表中记录自己的学习情况，看看自己掌握的程度）

任务 2.2	看懂本任务的代码	上机练习 4	上机练习 5	上机练习 6

任务 2.3　实现 ATM 自动取款机系统的取款和转账

任务描述

使用方法实现 ATM 自动取款机的取款和转账的功能。在此过程中理解如何设计类中的方法，以及将界面逻辑和类的设计进行区分的思想。

任务分析

修改 Card 类，实现 Card 类的取款、存款等方法。同时在用户界面进行代码的调用。

2.3.1　任务实现代码及说明

本节要实现的功能：第一，取款功能。当用户在取款金额文本框中输入要取的金额，并点击“取款”按钮后，系统判断用户当前账户的余额是否足够，若是，则扣除相应的金额，取款成功，否则，取款失败。第二，转账功能。当用户在账号和密码文本框中输入账号和密码后，系统判断该目标账号是否存在，如果不存在，则转账失败，否则，将源账号的相应金额扣除，并在目标账号增加相应的金额，完成转账操作。

实现步骤如下。

（1）打开之前创建的 Card 类，为 Card 类添加两个方法，代码如下：

```
    public class Card
  {
        public bool GetMoney(double money)    //取款方法
        {
            if (money <= this. dBalance&& money >= 0)
            {
                this. dBalance= this.balance - money;
                return true;
            }
            else
                return false;
        }
        public bool SaveMoney(double money)  //存款方法
        {
            if (money >= 0)
            {
                this. dBalance= this. dBalance+ money;
                return true;
            }
            else
                return false;
```

```
        }
    }
```

（2）切换到主窗体的设计视图，双击“取款”按钮，进入 Click 事件的处理程序中，输入以下代码：

```
private void btnGet_Click(object sender, EventArgs e)//取款
{
    if (txtGetMoney.Text == "")
        return;
    double money = double.Parse (txtGetMoney.Text);

    bool res=insertedCard.GetMoney(money);
    if (res == true)
    {
        MessageBox.Show("取款成功！");
        lblBalance.Text = insertedCard.DBalance.ToString();
    }
    else
        MessageBox.Show("取款失败，请检查数据是否正确！");
}
```

（3）切换到主窗体的设计视图，双击“转账”按钮，进入 Click 事件的处理程序中，输入以下代码：

```
private void btnPost_Click(object sender, EventArgs e)//转账
        {
            if (String.IsNullOrEmpty(this.txtPostMoney.Text) || String.IsNullOrEmpty
(txtPostNum.Text))
            {
                MessageBox.Show("转账金额和转账账户不能为空！");
                return;
            }
            double money=double.Parse (txtPostMoney.Text );
            foreach (Card card in allCards)
            {
                if (card. StrCardNum== txtPostNum.Text)
                {
                    if (insertedCard.GetMoney(money) && card.SaveMoney(money))
                    {
                        MessageBox.Show("转账成功！");
                        lblBalance.Text = insertedCard.DBalance.ToString();
                    }
                    else
                    {
                        MessageBox.Show("转账失败！");
                    }
```

```
                    return;
                }
            }
            MessageBox.Show("转账账户不存在，请重新输入！");
        }
```

（4）生成成功后，程序的运行结果如图 2-17 至图 2-20 所示。

图 2-17　单击“取款”按钮后的运行结果

图 2-18　取款后的余额更新

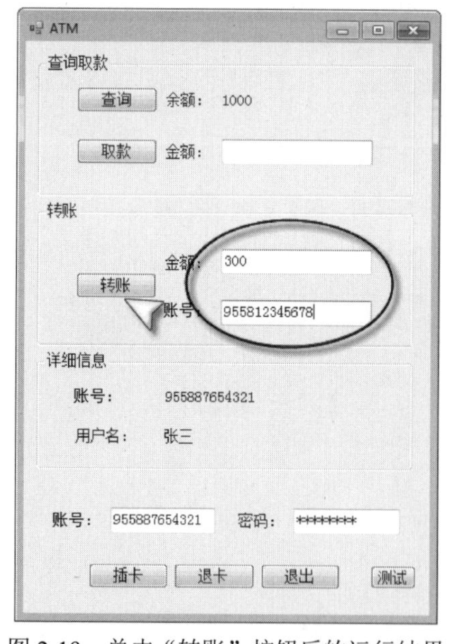

图 2-19　单击“转账”按钮后的运行结果

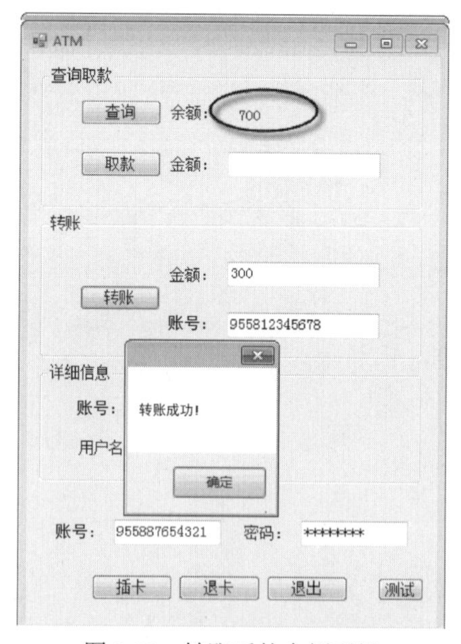

图 2-20　转账后的余额更新

2.3.2　类中的方法

在一个类的定义中，除了表示类的特征的属性和字段，还有表示类的行为的方法。在前文

中，定义了银行卡类，代码如下：

```
class Card
{
        private string strCardNum;              //卡号
        private string strPwd;                  //密码
        private string strCardName;             //用户名
        private double dBalance;                //余额
}
```

在上面的代码中，我们用字段来描述 Card 类的特征，这里为了简化代码，省略了属性。现在，我们添加一段代码，使得银行卡具有取出金额的行为，代码如下：

```
public class Card
{
        private string strCardNum;              //卡号
        private string strPwd;                  //密码
        private string strCardName;             //用户名
        private double dBalance;                //余额

        public bool GetMoney(double money)    //取款方法
        {
               if (money <= this.dBalance && money >= 0)
            {
                this.dBalance = this.dBalance - money;
                return true;
            }
            else
                return false;
        }
}
```

说明如下。

- 方法都位于类中，完成某种特定的子功能。
- 所有的方法都处于平等地位，即在定义方法时是相互独立的，一个方法并不属于另一个方法，即不能嵌套定义方法。除主方法不能被调用外，其他方法之间均可相互调用。
- 从方法的形式上看，方法分为以下两类。
  - 无参方法：在调用无参方法时，主调方法并不会将数据传送给被调方法。
  - 有参方法：如上面代码中的 GetMoney()方法，通过传入一个 double 类型的参数 money，表示要取的金额。在该方法中经过正确性判断后，在银行卡的余额上扣除该金额。

在类中定义了字段和方法后，如何在其他类中调用呢？我们看看下面的代码：

```
private void btnGet_Click(object sender, EventArgs e)//取款
{
```

```
    if (txtGetMoney.Text == "")
        return;
    double money = double.Parse (txtGetMoney.Text);

    bool res=insertedCard.GetMoney(money);
    if (res == true)
    {
        MessageBox.Show("取款成功！");
        lblBalance.Text = insertedCard.DBalance.ToString();
    }
    else
        MessageBox.Show("取款失败，请检查数据是否正确！");
}
```

在用户界面，当系统获取用户的输入金额后，并将其作为参数传入当前银行卡对象 insertedCard 的 GetMoney()方法中，即可对当前银行卡实施取款操作。

所以，关于方法的调用，和类中的字段的调用方式一样，先创建该类的一个对象，然后通过“对象名.方法”进行调用。

语法格式如下：

```
对象名.方法名(参数列表);
```

2.3.3 值传递和引用传递

在本节中，我们将编写一个让两个数交换的方法，理解参数传递中按值传递和按引用传递的概念，以及它们之间的区别。然后通过修改 Card 类中取款方法的实现方式，看看还有什么好的方法可以实现取款操作。

【实例 2-10】设计一个窗体，交换两个字符串的值。

窗体设计如图 2-21 所示。

图 2-21　窗体设计

代码如下：

```
public partial class Form1 : Form
    {
        public Form1()
        {
```

```
            InitializeComponent();
        }
        private void button1_Click(object sender, EventArgs e)
        {
            string number1 = textBox1.Text;
            string number2 = textBox2.Text;
            Swap(number1, number2);
            textBox1.Text = number1;
            textBox2.Text = number2;
        }
        static void Swap(string  a, string  b) //交换两个字符串的值
        {
            string  temp;
            temp = a;
            a = b;
            b = temp;
        }
    }
```

我们发现，当在两个文本框中输入值并单击“交换”按钮后，两个数的值并没有交换，这是为什么呢？

在 Swap()方法中，参数 a 和 b 的值发生了变化，但它们与 Click()方法中的内部变量 number1 和 number2 是两对完全不同的变量，存储在不同的内存中，所以形参 a 和 b 的变化并不会影响 number1 和 number2。

上面这种传递参数的方式称为值传递。

1. 值传递

如果参数是以传值方式传递，则被调用的方法将接收参数的一个副本。当传值时，如果对被调用方法的值的副本进行修改，不会影响原始变量的值。换句话说，当传值时，允许方法内的方法体将新值赋给参数，但这样的赋值只影响方法体内局部变量的值，不会影响方法调用的实际参数。

在 C#中，前文介绍的基本数据类型都是值类型。

前文编写的方法都属于值传递的方式。

2. 引用传递

如果希望通过传递一个值类型参数，在方法内对该参数的修改能够返回给原始参数，这种传递参数的方式称为引用传递。C#提供了关键字 ref 实现这种功能。

ref 关键字指出一个值类型变量以引用的方式传递。如果使用关键字 ref 通过引用传递变量，则方法能够修改变量本身。如果要使用 ref 参数，则传递到 ref 参数的值必须先赋值。

从本质上说，使用引用方式传递参数并不会为参数创建新的存储空间，实参和形参变量具有相同的存储位置，只要其中一个变量的值被修改，另一个变量的值也会被修改。

【实例 2-11】修改【实例 2-10】的代码，代码如下：

```
public partial class Form1 : Form
    {
        public Form1()
```

```
        {
            InitializeComponent();
        }
        private void button1_Click(object sender, EventArgs e)
        {
            string number1 = textBox1.Text;
            string number2 = textBox2.Text;
            Swap(ref number1, ref number2);
            textBox1.Text = number1;
            textBox2.Text = number2;
        }
        static void Swap(ref string  a, ref string  b) //交换两个字符串的值
        {
            string  temp;
            temp = a;
            a = b;
            b = temp;
       }
    }
```

上面程序的运行结果如图 2-22 和图 2-23 所示。

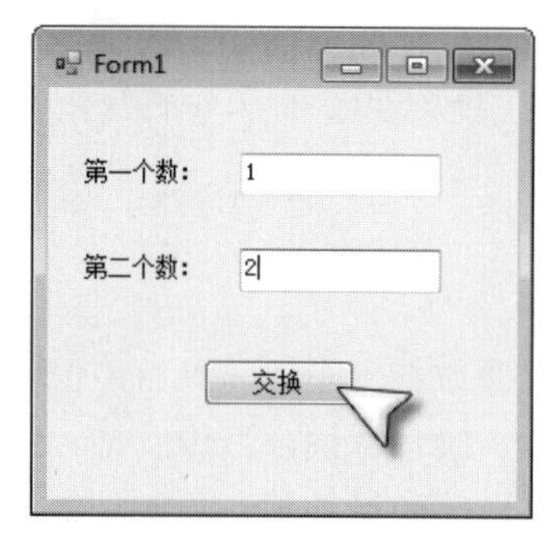

图 2-22　单击“交换”按钮前的运行结果

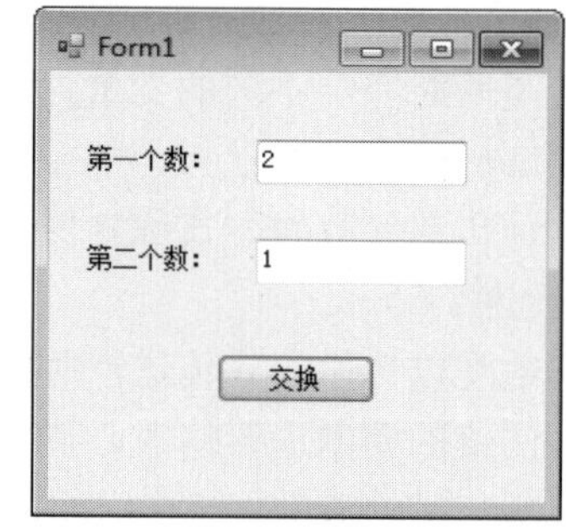

图 2-23　单击“交换”按钮后的运行结果

需要注意的是，使用上述值类型进行引用传递时，不管是在定义方法时，还是在调用时，都需要使用关键字 ref。

下面修改取款方法，代码如下：

```
    public class Card
  {
        public void GetMoneyByRef(double money,ref string msg)
        {
            if (money <= this.dBalance && money >= 0)
            {
                this.dBalance = this.dBalance - money;
                msg = "取款成功！";
            }
            else
```

```
                msg = "取款失败，请检查数据是否正确！";
        }
}
```

在上面的代码中，方法没有返回值，而是定义了一个传引用类型的参数 msg，当用户成功取款后，该变量保存的信息将不会随着方法调用的结束而消失。因此，当需要返回多个值时，可以采用这种方法。

用户界面的调用代码如下：

```
private void btnGet_ClickByRef(object sender, EventArgs e)//取款
{
    if (txtGetMoney.Text == "")
        return;
    double money = double.Parse(txtGetMoney.Text);
    string message = "";
    insertedCard.GetMoneyByRef(money, ref message);
    MessageBox.Show(message);
    lblBalance.Text = insertedCard.DBalance.ToString();
}
```

这里需要注意的是，当 message 传入方法之前，必须先对其进行赋值。

2.3.4　常见错误与问题

如果将【实例 2-10】的代码修改如下，则会产生错误。

```
public partial class Form1 : Form
    {
        public Form1()
        {
            InitializeComponent();
        }
        private void button1_Click(object sender, EventArgs e)
        {
            string number1 = textBox1.Text;
            string number2 = textBox2.Text;
            Swap(number1, number2);
            textBox1.Text = number1;
            textBox2.Text = number2;
        }
        static void Swap(ref string  a, ref string  b) //交换两个字符串的值
        {
            string  temp;
            temp = a;
            a = b;
            b = temp;
```

```
        }
    }
```

在编译上面的代码时，Visual Studio 将会提示如图 2-24 所示的错误。

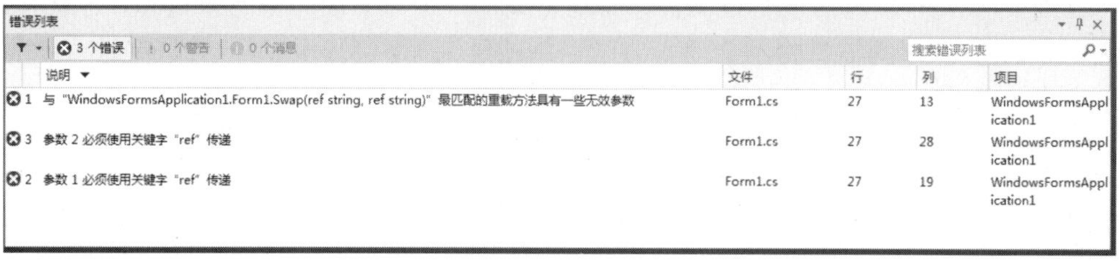

错误列表

3 个错误 | 0 个警告 | 0 个消息

	说明	文件	行	列	项目
1	与 "WindowsFormsApplication1.Form1.Swap(ref string, ref string)" 最匹配的重载方法具有一些无效参数	Form1.cs	27	13	WindowsFormsApplication1
3	参数 2 必须使用关键字 "ref" 传递	Form1.cs	27	28	WindowsFormsApplication1
2	参数 1 必须使用关键字 "ref" 传递	Form1.cs	27	19	WindowsFormsApplication1

图 2-24　编译错误

产生编译错误的原因是：在调用 Swap()方法时，没有在参数前使用 ref 关键字。

2.3.5　上机实训

【上机练习 7】

完善“取款”按钮的功能，实现对银行卡的取款操作。

- 需求说明。
  - 为 Card 类添加取款的方法。
  - 设计事件相应程序，当用户单击“取款”按钮时，调用相关对象的取款方法实现取款操作。
  - 如果在取款金额文本框中没有输入取款金额，则提示用户输入取款金额。
- 实现思路及关键代码。
  - 修改 Card 类，添加一个 GetMoney()方法，代码参考 2.3.1 节实现。
  - 切换到主窗体界面，单击“取款”按钮，实现验证功能。

【上机练习 8】

完善“转账”按钮的功能，实现对银行卡的转账操作。

- 需求说明。
  - 为 Card 类添加存款的方法。
  - 设计事件相应程序，当用户输入待转账号和金额后，进行相关的正确性验证，如果成功则对用户的账户金额取款，对对方的账户金额存款，从而实现转账操作。
  - 实现转账给自己的异常情况处理，即如果转账给自己则提示用户不能转账给自己。
- 实现思路及关键代码。
  - 修改 Card 类，添加一个 SaveMoney()方法，代码参考 2.3.1 节实现。
  - 切换到主窗体界面，单击“转账”按钮，实现验证功能。

代码如下：

```
    private void btnPost_Click(object sender, EventArgs e)//转账
            {
                if (String.IsNullOrEmpty(this.txtPostMoney.Text) || String. IsNullOrEmpty
(txtPostNum.Text))
                {
                    MessageBox.Show("转账金额和转账账户不能为空！");
```

```
            return;
        }
        double money=double.Parse (txtPostMoney.Text );
        foreach (Card card in allCards)
        {
            if (card.CardNum == txtPostNum.Text)
            {
                if (insertedCard.GetMoney(money) && card.SaveMoney(money))
                {
                    MessageBox.Show("转账成功! ");
                    lblBalance.Text = insertedCard.Balance.ToString();
                }
                else
                {
                    MessageBox.Show("转账失败! ");
                }
                return;
            }
        }
        MessageBox.Show("转账账户不存在，请重新输入! ");
    }
```

上面的代码设置了两个正确性验证。第一，当用户输入的转账金额或账户信息为空时，不能进行转账；第二，即使用户输入了相应的金额和账户信息，还要对账户信息进行验证，判断目标账户是否为系统内部注册的账户。只有通过了验证，才能进行转账，否则提示失败信息。

【上机练习 9】

- 完善 MyATM 程序，当用户成功登录系统后才能进行查询取款、转账等操作。如果用户没有插卡成功，则上述功能应当隐藏或不可使用。
- 根据自己理解银行 ATM 自动取款机，完善 MyATM 程序。

任务自测表（请在下面记录表中记录自己的学习情况，看看自己掌握的程度）

任务 2.3	看懂本任务的代码	上机练习 7	上机练习 8	上机练习 9

归纳与总结

本任务对类的各个成员，包括字段、属性、构造函数和方法进行了逐一介绍，并在这个过程中对访问修饰符、数组访问和参数传递进行了重点讨论。

- 类和对象的对比。
  - 类是抽象的概念，对象是具体的概念。
  - 类和对象的关系满足“is-a”。
  - 创建对象要使用 new 关键字。
- 字段和属性的对比。
  - 属性通过 get()方法和 set()方法实现对字段的封装，是一种逻辑字段。

    - 属性是字段的扩展，对字段起到保护和安全设置的作用。
    - 属性必须和所封装的字段保持相同的类型。
    - 与字段不同，属性不能直接对应于存储位置。
- 构造函数和方法的对比。
    - 构造函数名总是和类名相同，且不需要声明返回类型。
    - 构造函数在创建对象时调用，而方法在任何时候均可调用。
    - 构造函数用于初始化对象的字段，且常常声明为 public。
- 值传递和引用传递的区别。
    - 当使用值传递时，传递的是变量的副本，方法内的修改不会影响原始变量的值。
    - 当使用引用传递时，传递的是变量的地址，方法内的修改会影响原始变量的值。
    - 使用引用传递方式必须添加 ref 关键字，而使用值传递方式不需要添加 ref 关键字。

项目 3

连接数据库

随着网络的日益普及，数据越来越多地被存储在网络的数据库服务器中，应用程序对数据库的访问和操作成了一种极为普遍的事情。在本项目中，我们将学习使用 C#连接数据库，实现 ExamSystem 系统的登录问题。

工作任务

- 完成 ExamSystem 系统的登录功能。
- 连接 ExamSystemDB 数据库。
- 查询用户名和密码是否存在。

技能目标

- 了解 ADO.NET 的功能和组成。
- 学会使用 Connection 对象连接数据库。
- 学会使用 try...catch 捕捉异常。
- 学会使用 SqlCommand 对象查询单个值。

预习作业

- ADO.NET 的主要组件有哪些?
- 简述 SqlConnection 与 SqlCommand 对象的作用。
- try...catch 语句的语法格式是什么?
- SQL Server 2008 如何创建数据库?

任务 3.1　连接 ExamSystemDB 数据库

任务描述

在 ExamSystem 系统登录界面单击“连接测试”按钮，如果成功连接数据库，则提示“打开数据库连接成功!”，随后执行关闭数据库连接，提示“关闭数据库连接成功!”。需要注意的是，并不是单击“连接测试”按钮给出相应提示，而是要进行数据库的连接和关闭之后再给出相应提示。

任务分析

其实数据库的操作和我们日常生活中的某些活动非常相似，比如我们可以把图书馆看作一个存放图书的数据库，想象一下：如果我们要去图书馆借书或还书需要几个步骤？在本项目中，首先创建一个字符串，用于描述要对哪个数据库服务器上的哪个数据库进行操作，然后建立数据库连接，最后关闭数据库连接，在打开数据库连接和关闭数据库连接时给出相应的提示即可完成任务。

3.1.1 任务实现代码及说明

实现步骤如下。

（1）建立项目之前先准备一个 SQL Server 2008 数据库，如图 3-1 所示。

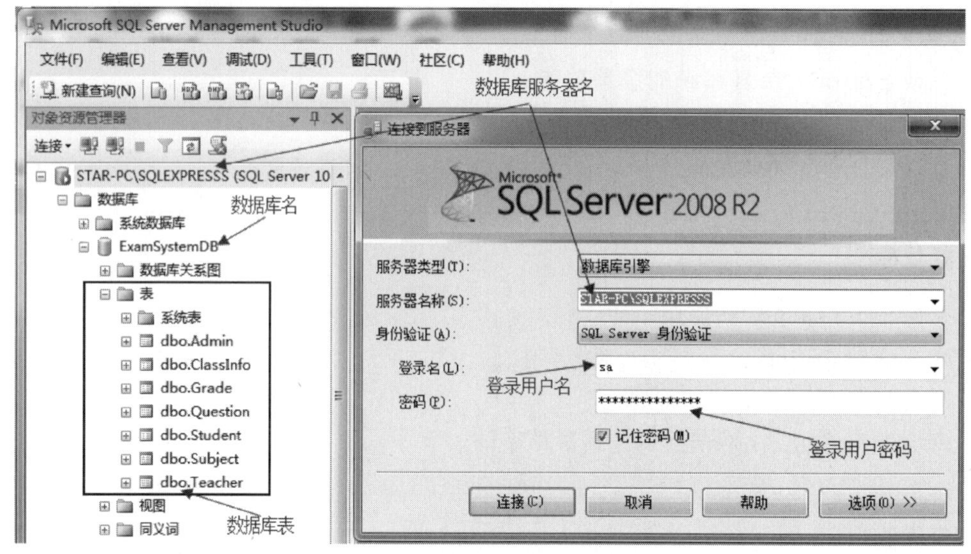

图 3-1 准备 SQL Server 2008 数据库

（2）新建一个 Windows 项目，项目名称为 ExamSystem。

（3）在 Windows 项目中新建一个窗体，窗体名称为 ConnectionTestForm。

（4）修改 Program.cs 文件中 Main()方法的代码，使得打开的第一个窗体为 ConnectionTestForm，代码如下：

```
static void Main()
    {
        Application.EnableVisualStyles();
        Application.SetCompatibleTextRenderingDefault(false);
        //设置首先运行的 ConnectionTestForm 窗体
        Application.Run(new ConnectionTestForm());
    }
```

（5）在 ConnectionTestForm 窗体中添加引用 SQL Server 的命名空间，代码如下：

```
using System.Data.SqlClient;
```

（6）在 ConnectionTestForm 窗体中添加一个“连接测试”按钮，名称为 btnConTest。

（7）在“连接测试”按钮单击事件中添加如下代码：

```
private void btnConTest_Click(object sender, EventArgs e)
{
    // 数据库连接字符串，字符串的内容要根据读者自己电脑的实际情况进行编写
    string strCon= "Data Source=STAR\\SQLEXPRESS;Initial Catalog= ExamSystemDB;
User ID=sa;Pwd=123";
   //创建数据库连接对象
    SqlConnection conn = new SqlConnection(strCon);
    //打开数据库连接
    conn.Open();
    MessageBox.Show("打开数据库连接成功！");
    //关闭数据库连接
    conn.Close();
    MessageBox.Show("关闭数据库连接成功！");
}
```

小贴士

为了可以正常使用.NET Framework 数据提供程序，用户一定要添加引用命名空间的语句“using System.Data.SqlClient;”。如果没有该语句，则用户将无法使用.NET Framework 数据提供程序。

实际上，Windows 已经帮我们设计好了关于数据库固定的一些操作，现在我们需要使用数据库对象的属性或方法来编写程序达到特定功能，这时需要引入一个数据库的命名空间。换句话说，我们要对数据库进行操作，但是实际上并不知道具体每一步是如何对数据进行操作的，我们是通过微软设计的数据提供程序来对数据库进行具体操作的。

上面程序的运行结果如图 3-2 所示。

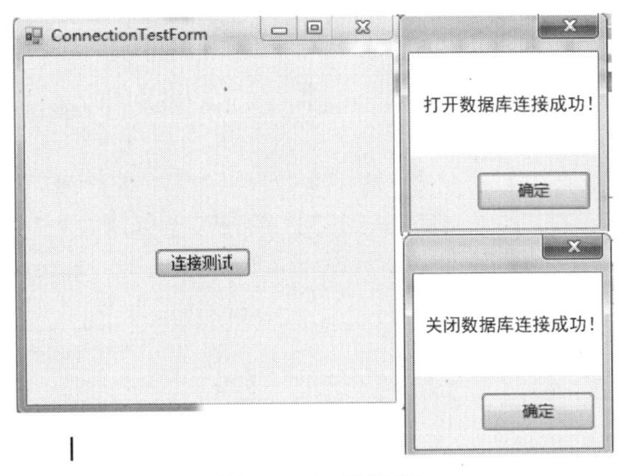

图 3-2　运行结果

3.1.2　ADO.NET 概述

有一个普遍现象，现在人们外出旅行到了酒店最先问的问题不是住宿费用是多少元，而是 Wi-Fi 密码是什么，这从侧面说明了人们对于网络的需求，也正是因为网络的迅速发展，有越

来越多的应用程序连接了网络，所以应用程序要处理的大量数据存储在网络服务器中，也就是网络数据库中。

目前常用的数据库有很多种，如 SQL Server、MySQL、Oracle 等。为了使客户端能够访问数据库服务器上的数据，就需要使用数据库访问的方法和技术，ADO.NET 就是一种常见的技术。

ADO.NET 的名称来源于 ADO（ActiveX Data Objects），它是一个 COM 组件库，用于在以往的 Microsoft 技术中访问数据。之所以命名为 ADO.NET，是因为 Microsoft 希望表明，这是在.NET 编程环境中优先使用的数据访问接口。

通过 ADO.NET，应用程序可以很方便地访问和操作数据库。ADO.NET 的功能非常强大，它提供了对关系数据库、XML 及其他数据存储的访问。应用程序可以通过 ADO.NET 技术与这些数据源进行连接，对数据进行增加、删除、修改、查询等操作。

ADO.NET 技术有一个非常大的优点，即断开式连接，也就说当它与数据源断开连接时也可以使用数据。这是怎么做到的呢？以从水源中取水为例进行说明。水源就相当于应用程序中的数据库，这里有大量的数据（水）供我们使用。如果直接从水源中取水这就是传统的数据库编程方法，要求应用程序必须时刻与数据库保持连接，一旦断开必然发生错误。而 ADO.NET 技术可以先把应用程序需要的数据（水）存储在 DataSet（蓄水池）中，当应用程序需要访问和操作数据时可以对 DataSet 进行访问和操作，此时不必保持应用程序与数据库的连接，只要保证临时数据库 DataSet 中有数据即可。

3.1.3 ADO.NET 的组件

ADO.NET 提供了两个组件来访问和处理数据：一个是.NET Framework 数据提供程序（.NET Framework Data Provider）；另一个是 DataSet 数据集。ADO.NET 访问数据库模型如图 3-3 所示。

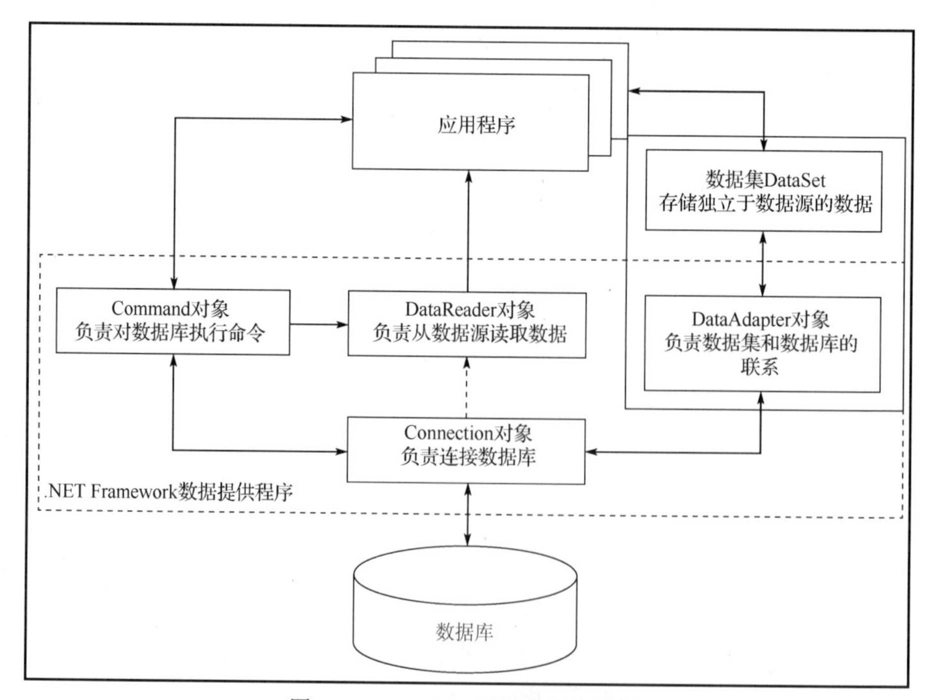

图 3-3 ADO.NET 访问数据库模型

- .NET Framework 数据提供程序提供对关系数据源中的数据的访问。.NET Framework 数据提供程序包含一些类，这些类用于连接数据源，在数据源处执行命令，返回数据源的查询结果；.NET Framework 数据提供程序还能执行事务内部的命令。
- DataSet 是 ADO.NET 的中心概念。可以把 DataSet 当成内存中的数据库，DataSet 是不依赖于数据库的独立数据集合。所谓独立，就是说即使断开数据链路，或者关闭数据库，DataSet 依然是可用的。DataSet 在内部是用 XML 来描述数据的，因为 XML 是一种与平台无关、与语言无关的数据描述语言，而且可以描述复杂关系的数据，如父子关系的数据，所以 DataSet 可以容纳具有复杂关系的数据，而且不再依赖数据链路。在具体使用中可以把对 DataSet 的操作当成是对数据库的操作，其作用相当于前文介绍的蓄水池。

.NET Framework 数据提供程序包含了访问各种数据源的对象，它和数据库类型相关。目前，.NET Framework 数据提供程序支持的提供程序如表 3-1 所示。

表 3-1 .NET Framework 数据提供程序支持的提供程序

.NET Framework 数据提供程序	说 明
.NET Framework 用于 SQL Server 的数据提供程序	提供对 Microsoft SQL Server 的数据访问，使用 System.Data.SqlClient 命名空间
.NET Framework 用于 Oracle 的数据提供程序	适用于 Oracle 数据源，支持 Oracle 客户端软件 8.1.7 或更高版本，使用 System.Data.OracleClient 命名空间
.NET Framework 用于 OLE DB 的数据提供程序	提供对 OLE DB 公开数据源中数据的访问，使用 System.Data.OleDb 命名空间
.NET Framework 用于 ODBC 的数据提供程序	提供对 ODBC 公开数据源中数据的访问，使用 System.Data.Odbc 命名空间
EntityClient 提供程序	提供对实体数据模型（EDM）应用程序的数据访问，使用 System.Data.EntityClient 命名空间

在实际应用中使用哪种数据提供程序，要看应用程序所使用的数据源。Microsoft 的 C# 对 SQL Server 数据库的支持更加稳定和可靠。下面采用 SQL Server 数据库作为应用程序的数据源。

.NET Framework 数据提供程序包含 4 个核心对象，即 Connection、Command、DataReader 和 DataAdapter，如表 3-2 所示。

表 3-2 .NET Framework 数据提供程序的 4 个核心对象

对 象	说 明
Connection	建立与特定数据源的连接
Command	对数据源执行命令
DataReader	从数据源中读取只读的数据流
DataAdapter	用数据源填充 DataSet 并解析更新

在不同的命名空间中都有相应的对象，例如，要操作 SQL Server 数据库，需要使用 System.Data.SqlClient 命名空间，SQL 数据提供程序中的类都以“Sql”开头，所以它的 4 个核心对象分别为 SqlConnection、SqlCommand、SqlDataReader 和 SqlDataAdapter。

3.1.4 使用 Connection 对象

Connection 对象是.NET Framework 数据提供程序的核心对象之一，起到了应用程序与数据库之间建立连接的作用。正如桥梁可以把两岸连接起来，应用程序与数据库之间想要进行数据传递也需要一个类似桥梁的东西把两者连接起来，Connection 对象就起到了这样的作用。

在不同的.NET Framework 数据提供程序中都有自己的连接类，如表 3-3 所示。应用程序可以根据自己所使用的数据库类型来确定使用哪个连接类。

表 3-3 .NET Framework 数据提供程序及相应的连接类

.NET Framework 数据提供程序	连 接 类	命 名 空 间
SQL 数据提供程序	SqlConnection	System.Data.SqlClient
Oracle 数据提供程序	OracleConnection	System.Data.OracleClient
OLE DB 数据提供程序	OleDbConnection	System.Data.OleDb
ODBC 数据提供程序	OdbcConnection	System.Data.Odbc

为了建立应用程序与数据库的连接，Connection 对象提供了一些属性和方法。Connection 对象的常用属性和方法如表 3-4 和表 3-5 所示。

表 3-4 Connection 对象的常用属性

属 性	说 明
ConnectionString	设置/获取应用程序连接数据库的连接字符串

表 3-5 Connection 对象的常用方法

方 法	说 明
void Open()	打开数据库连接
void Close()	关闭数据库连接

建立应用程序与数据库的连接需要按照下面 3 个步骤完成。

1．定义连接字符串

SQL Server 数据库连接字符串的语法格式如下：

```
Data source=服务器名;Initial Catalog=数据库名;User ID=用户名;Pwd=密码
```

- Data source：指定与应用程序连接的数据库服务器的名称或 IP 地址。如果本机作为应用程序的服务器，则参数的值可以是“.”、“(local)”或“127.0.0.1”。建议使用数据库服务器的名称作为参数的值，防止本机有两个以上数据库服务器时引起应用程序无法正确识别数据库服务器的情况。
- Initial Catalog：指定应用程序访问数据库服务器中的数据库的名称。
- User ID：登录 SQL Server 数据库的用户名。
- Pwd：登录 SQL Server 数据库的密码，如果密码为空，则可以省略此项。

例如，应用程序与本机的 ExamSystemDB 数据库连接字符串，代码如下：

```
string connectionString = "Data Source=STAR-PC\\SQLEXPRESSS;Initial Catalog=
ExamSystemDB;User ID=sa;Pwd=123456";
```

2．创建 Connection 对象

使用定义好的连接字符串创建 Connection 对象，语法格式如下：

```
SqlConnection conn = new SqlConnection(connectionString);
```

3．打开数据库连接

使用 Connection 对象的 Open()方法打开数据库连接，语法格式如下：

```
conn.Open();
```

小贴士

连接字符串比较长，又是写在引号之中的，无法利用智能提示，那么我们怎么才能记住里面的关键字呢？其实我们可以利用 Visual Studio 中的服务器资源管理器来获得连接字符串，实现步骤如下。

（1）在 Visual Studio 中选择菜单栏中的“视图”→“服务器资源管理器”命令，如图 3-4 所示；或者按 Ctrl+Alt+S 组合键。

（2）在打开的“服务器资源管理器”窗口中，右击“数据连接”选项，在弹出的快捷菜单中选择“添加连接”命令，如图 3-5 所示。

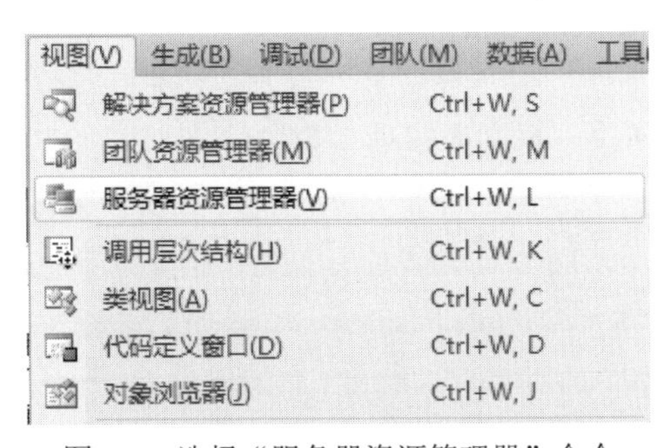

图 3-4 选择“服务器资源管理器”命令

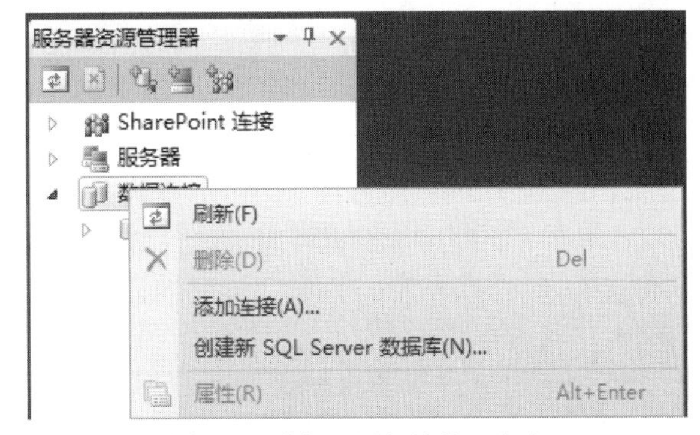

图 3-5 选择“添加连接”命令

（3）在弹出的“添加连接”对话框中，选择数据源，输入服务器名称，选择身份验证与要连接的数据库，即可在“服务器资源管理器”窗口中添加一个数据库连接。

（4）选中新添加的数据库连接，在“属性”窗口中就能找到连接字符串了，可以将它复制到代码中，如图 3-6 所示。

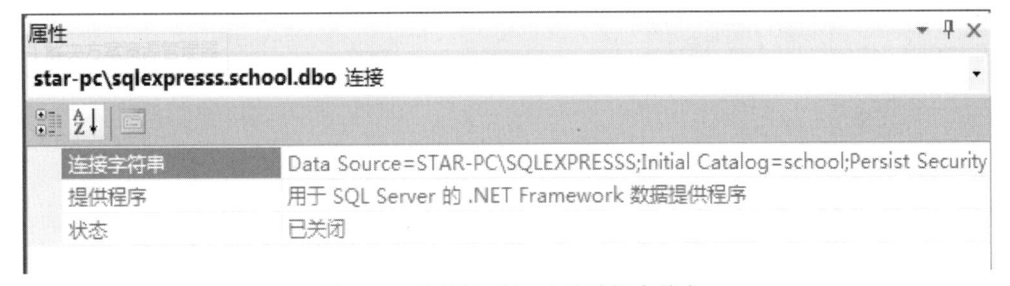

图 3-6 “属性”窗口中的连接字符串

（5）修改连接字符串，如用户名和密码，以达到符合应用程序的要求。

（6）打开数据库连接，执行命令后，要记得关闭数据库连接。

3.1.5 使用 sa 用户登录 SQL Server 数据库

在默认情况下，我们使用 Windows 身份验证的方式登录 SQL Server 数据库，但是在实际项目开发过程中这样做非常不安全，因此我们通常会使用 SQL Server 身份验证的方式登录和操作数据库。实现步骤如下。

（1）在“连接到服务器”对话框中，分别设置服务器类型、服务器名称、身份验证，使用 Windows 身份验证的方式登录 SQL Server 数据库，如图 3-7 所示。

图 3-7　“连接到服务器”对话框

（2）在“对象资源管理器”窗口中，选择“安全性”→“登录名”→“sa”选项，右击，在弹出的快捷菜单中选择“属性”命令，如图 3-8 所示，打开“属性”窗口。

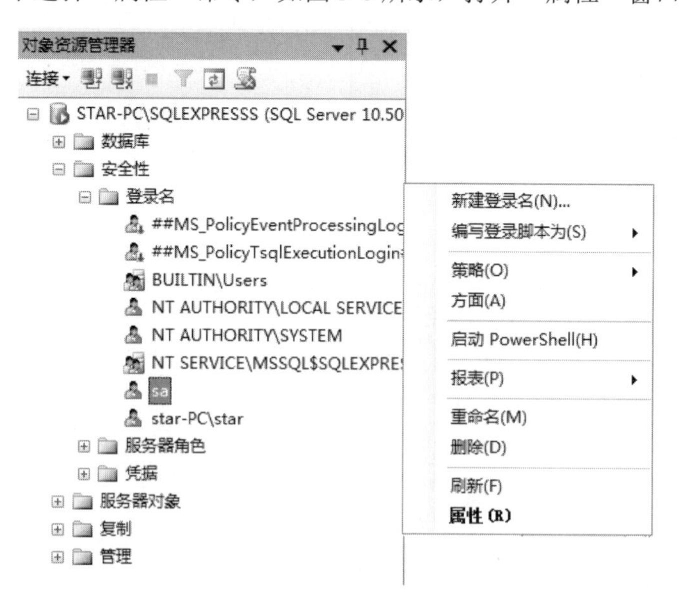

图 3-8　选择“属性”命令（1）

（3）在“属性”窗口修改并设置 sa 用户的密码，密码自行设置，两次输入的密码保持一致即可，如图 3-9 所示。

（4）在“属性”窗口中单击“状态”选项，设置 sa 用户的“登录”状态为“启用”，如图 3-10 所示。单击“确定”按钮，关闭“属性”窗口。

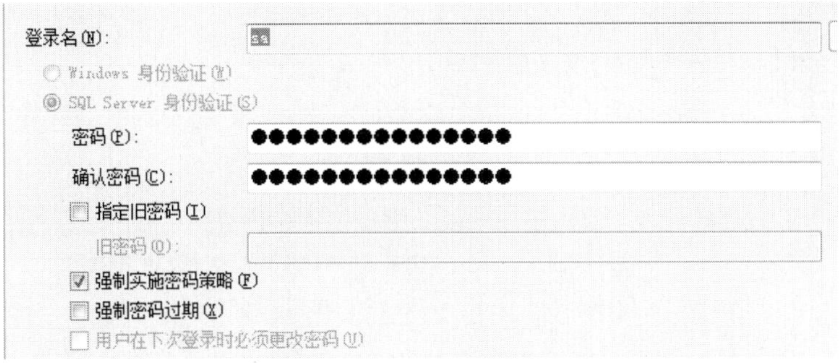

图 3-9　设置 sa 用户的密码

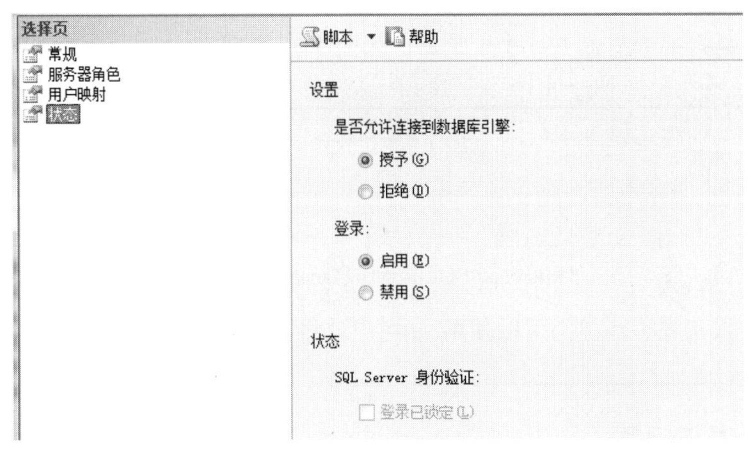

图 3-10　设置 sa 用户的“登录”状态为“启用”

（5）在“对象资源管理器”窗口中，右击服务器选项，在弹出的快捷菜单中选择“属性”命令，如图 3-11 所示，打开“服务器属性-STAR-PC\SQLEXPRESSS”窗口。

图 3-11　选择“属性”命令（2）

（6）在“安全性”选项卡中，选中“SQL Server 和 Windows 身份验证模式”单选按钮，如图 3-12 所示。单击“确定”按钮，关闭“服务器属性-STAR-PC\SQLEXPRESSS”窗口。

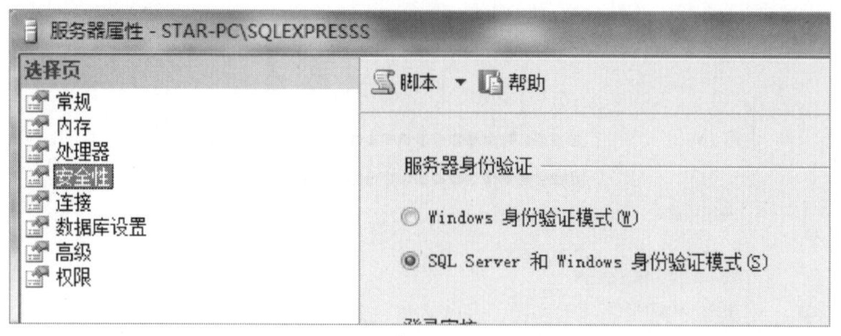

图 3-12　选中“SQL Server 和 Windows 身份验证模式”单选按钮

（7）打开“Microsoft SQL Server Management Studio”消息框，提示“直到重新启动 SQL Server 后，您所做的某些配置更改才生效。”，如图 3-13 所示。

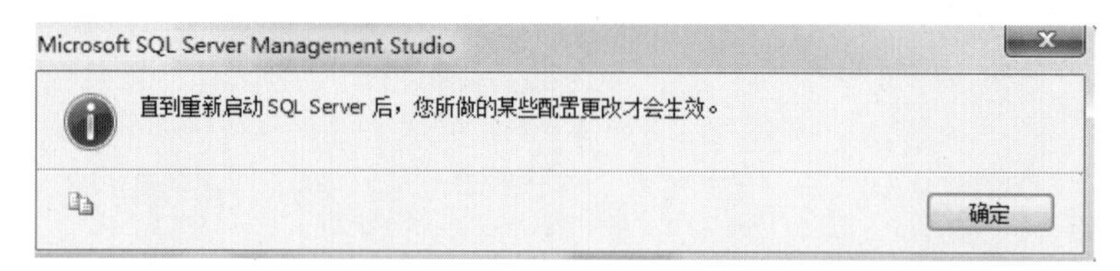

图 3-13　“Microsoft SQL Server Management Studio”消息框

以上操作步骤完成后，我们可以使用 sa 用户及设置的密码登录 SQL Server 数据库检查是否成功。

3.1.6　常见错误与问题

在开始编写数据库相关程序时，初学者很可能会犯如下常见错误。

1. 数据库连接字符串中的各参数之间的分隔符拼写错误

下面的代码在运行后，应用程序会提示如图 3-14 所示的错误信息。

```
string connectionString = "Data Source=STAR-PC\\SQLEXPRESSS,Initial Catalog=
ExamSystemDB,User ID=sa,Pwd=123456";
//创建数据库连接对象
SqlConnection conn = new SqlConnection(connectionString);
//打开数据库连接
conn.Open();
```

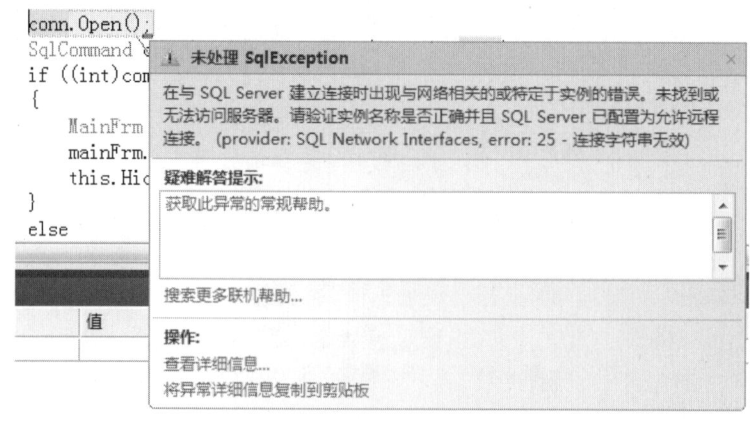

图 3-14　数据库连接字符串中的各参数之间的分隔符拼写错误

造成上面错误的原因是，数据库连接字符串中的各参数之间应该使用“;”而不是“,”。

2．数据库连接字符串中的参数名称拼写错误

下面的代码在运行后，应用程序会提示如图 3-15 所示错误信息。

```
// 数据库连接字符串
string connectionString = "DataSource=STAR-PC\\SQLEXPRESSS;Initial Catalog=
ExamSystemDB;User ID=sa;Pwd=123456";
//创建数据库连接对象
SqlConnection conn = new SqlConnection(connectionString);
//打开数据库连接
conn.Open();
```

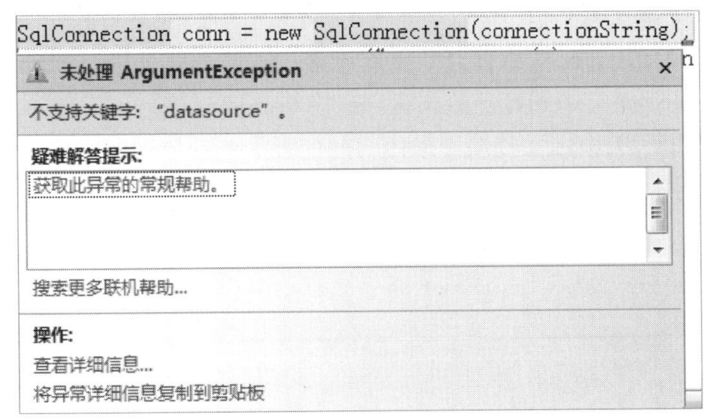

图 3-15　数据库连接字符串中的参数名称拼写错误

从上面的错误提示信息中可以发现，数据库连接字符串中的参数“DataSource”不能被编译器识别，将其修改为“Data Source”就可以排除该错误了。

避免上面两种错误发生的方法有两种：第一，认真检查自己书写的连接字符串是否有拼写错误；第二，利用.NET 自动生成连接字符串，再复制和适当修改参数的值。

3．数据库连接字符串中的引号出现位置错误

这类错误在代码进行编译时就会暴露出来，只要读者适当注意就可以避免此类错误。下面的代码在编译时会提示如图 3-16 所示错误信息。

```
string connectionString = Data Source="STAR-PC\\SQLEXPRESSS;"Initial Catalog=
"ExamSystemDB;"User ID=sa;Pwd="123456";
```

错误列表

14 个错误　0 个警告　0 个消息

	说明	文件	行	列	项目
1	意外的字符“;”	ConnectionTestForm	23	115	ExamSystem
2	当前上下文中不存在名称“Data”	ConnectionTestForm	23	39	ExamSystem
3	当前上下文中不存在名称“Source”	ConnectionTestForm	23	44	ExamSystem
4	未能找到类型或命名	ConnectionTestForm	23	74	ExamSystem

错误列表　输出

图 3-16　数据库连接字符串中的引号出现位置错误

3.1.7 上机实训

【上机练习 1】

测试 ExamSystemDB 数据库连接。

- 需求说明。
  - ➢ 创建 ExamSystem 项目。
  - ➢ 创建用于操作 SQL Server 数据库的 DBHelper 类。
  - ➢ 在 DBHelper 类中定义测试数据库连接的方法，实现连接和关闭 ExamSystemDB 数据库。

程序运行结果参考图 3-2。

- 实现思路及关键代码。
  - ➢ 在创建的 DBHelper 类中打开数据库连接的方法必须设置为 public，否则外部类无法访问 DBHelper 类中的打开数据库连接方法。
  - ➢ 在 DBHelper 类中定义数据库操作的两个方法，即数据库连接方法 TestOpenDB()及数据库关闭方法 TestCloseDB()，代码如下：

```
   //数据库连接字符串声明
    string strCon = "Data Source=STAR\\SQLEXPRESS;Initial Catalog=ExamSystemDB;
User ID=sa;Pwd=123";
    SqlConnection conn;
    /// <summary>
    /// 测试 ExamSystemDB 数据库的连接与关闭
    /// </summary>
    public string TestOpenDB()
    {
        // 测试打开数据库的操作
        conn = new SqlConnection(connString);
        // 打开数据库连接
        conn.Open();
        return ("打开数据库连接成功！");
    }
    public string TestCloseDB()
    {
        // 关闭数据库连接
        conn.Close();
        return ("关闭数据库连接成功！");
    }
```

因为我们要得到数据库连接与关闭的信息，所以数据库连接方法 TestOpenDB()及数据库关闭方法 TestCloseDB()具有 string 返回值，这个值传递到调用该方法的窗体中再做进一步处理。

- ➢ 删除“连接测试”按钮中的代码，修改后的代码如下：

```
  private void btnConTest_Click(object sender, EventArgs e)
  {
```

```
        DBHelper myDB = new DBHelper();
        MessageBox.Show(myDB.TestOpenDB());
        MessageBox.Show(myDB.TestCloseDB());
    }
```

【上机练习 2】

- 思考和讨论：在什么情况下连接数据库会失败？读者可以主要从程序代码和非程序代码两个方向讨论。

【上机练习 3】

- 思考涉及数据库应用程序的一般编程步骤。
- 如何查找数据库应用程序出现错误的原因？

任务自测表（请在下面记录表中记录自己的学习情况，看看自己掌握的程度）

任务 3.1	看懂本任务的代码	上机练习 1	上机练习 2	上机练习 3

任务 3.2 ExamSystem 系统异常处理

任务描述

在 ExamSystem 系统登录界面单击“登录”按钮，如果出现数据库不存在或无法打开数据库等意外情况，则提醒用户“数据库暂时无法访问”。

任务分析

使用 try...catch...finally 语句对可能发生异常的语句进行处理。

3.2.1 任务实现代码及说明

实现步骤如下。

（1）将任务 3.1 中的代码加入异常处理语句，修改后的代码如下：

```
  private void btnConTest_Click(object sender, EventArgs e)
    {
        // 数据库连接字符串
        string strCon= "Data Source=STAR\\SQLEXPRESS;Initial Catalog= ExamSystemDB;
User ID=sa;Pwd=123";
        //创建数据库连接对象
        SqlConnection conn = new SqlConnection(strCon);
        try
        {
            //打开数据库连接
            conn.Open();
            MessageBox.Show("打开数据库连接成功！");
```

```
        }
        catch (Exception)
        {
            MessageBox.Show("数据库暂时无法访问");
        }
        finally
        {
            //关闭数据库连接
            conn.Close();
            MessageBox.Show("关闭数据库连接成功！");
        }
    }
```

（2）如果我们此时将 SQL Server 数据库的服务器关闭，再次运行程序，当程序试图打开数据库连接时就会出现无法打开数据库连接的异常。但是由于我们做了异常处理，所以程序不会崩溃，而只是根据程序的处理弹出一个“数据库暂时无法访问”消息框，如图 3-17 所示。

图 3-17　“数据库暂时无法访问”消息框

在任务 3.1 的基础上快速添加 try…catch…finally 语句的方法如下。

- 微软给我们提供了“外侧代码”功能来添加 try 块，此方法很简单。首先在 Visual Studio 的代码编辑器中选中可能会出现异常的代码，然后右击，在弹出的快捷菜单中选择“外侧代码”命令，如图 3-18 所示。

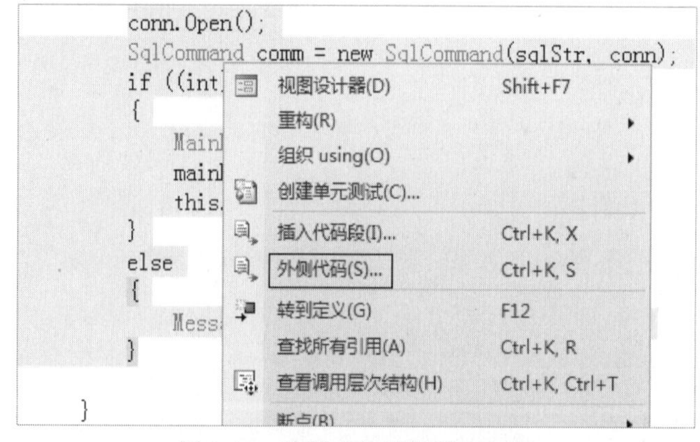

图 3-18　选择“外侧代码”命令

- 在外侧代码编辑器中找到 try 块，如图 3-19 所示，双击 try 块或按两次 Tab 键，代码就会自动添加 try…catch 语句，并且所选中的代码已经被放在 try 块中了，只要增加和修改 catch 块中的代码，添加 finally 块及代码就可以完成任务 3.2。

图 3-19 选择外侧代码 try 块

如果之前是可以正常运行的程序，经过异常处理之后用户可能会发现和之前程序没有太大区别，此时用户可以尝试关闭数据库服务后再次运行程序。对比没有加入异常处理的代码就会发现，整个程序不会产生崩溃的现象，可以说异常处理提供了一个友好的用户交互场景。

3.2.2 什么是异常

在程序设计中，错误通常分为两类，即编译错误和运行错误。编译错误是比较容易发现的，一般在程序运行前就由编译器发现了；而运行错误却很难判断，常常使程序员感到头疼。异常是程序运行中的一种正常的错误，如果异常处理不当，会影响程序的稳定性。

在 C#中，异常是一个在程序执行期间发生的事件，它中断了本该正常执行的程序指令流。在程序开发中，异常产生的范围非常广阔，如编写代码过程、程序调试过程、项目测试过程及用户运行程序过程中，都可能会出现一些不同的异常现象。

虽然程序在运行过程中出现错误是无法避免的，但是可以预知。例如，程序正要对数据库中的数据进行读取，但是网络突然中断了，程序本身无法控制网络是否通畅，程序员却可以预测可能会有这种情况出现。为了保证程序能够正常运行，程序员要对程序运行中可能发生的错误进行编码处理，这就是异常处理。

3.2.3 如何处理异常

在.NET 中我们使用 try…catch 语句捕获和处理异常。

语法格式如下：

```
try
{
    //包含可能会出现异常的代码
}
catch (处理的异常类型)
{
    //处理异常的代码
}
```

try…catch 语句是把可能出现异常的代码放在 try 块中。如果在程序运行过程中发生了异常，则会跳转到 catch 块中进行错误处理，这个过程被称为捕获异常。如果程序在执行过程中没有发生异常，则会正常执行 try 块中的全部语句，不会执行 catch 块中的语句。

异常有很多种类型，本书只关注 Exception 类。这个类是.NET 提供的一个异常类，表示应用程序在运行过程中发生的错误。例如，我们在对数据库进行访问和操作时，很可能会发生不能访问数据的情况（有可能是数据库本身出了问题，也有可能是网络出了问题等），我们就可以把对数据库操作的语句放在 try 块中。

前文也提到过，数据库连接必须显式关闭。但是如果是在数据库连接关闭之前就出现了异常，程序就会跳转到 catch 块中，则 try 块中的数据库连接关闭的方法就不会执行了。这时我们该如何处理呢？其实，这个问题微软早就想到解决的办法了，它提供了一个 finally 块，将代码放在 finally 块中表示无论是否发生异常这部分代码都会执行。我们只需要把关闭数据库连接的语句放在 finally 块中就可以解决这个问题了。无论程序在运行期间是否发生异常，我们可以确保在程序结束运行之前都会关闭数据库连接。代码如下：

```
try
{
   conn.Open();
   //省略其他代码
}
catch (Exception ex)
{
   //处理异常的代码
}
finally
{
    conn.Close();
}
```

3.2.4 上机实训

【上机练习 4】

为 ExamSystem 系统数据库连接操作添加异常处理。

- 需求说明。
  - 在上机练习 1 实现的数据库连接与关闭的基础上增加异常处理。
  - 停止 SQL Server 数据库服务，再次测试数据库连接操作。
  - 改变连接字符串中连接服务器名称，再次测试数据库连接操作。

程序运行结果参考图 3-17。

【上机练习 5】

- 在 DBHelper 类中增加异常处理，使得自己的程序更加稳定。

【上机练习 6】

- 讨论在进行数据库编程时，哪些地方需要进行异常处理。
- 讨论除了数据库编程，还有哪些常见场合需要进行异常处理。

任务自测表（请在下面记录表中记录自己的学习情况，看看自己掌握的程度）

任务 3.2	看懂本任务的代码	上机练习 4	上机练习 5	上机练习 6

任务 3.3 输入用户名及密码登录 ExamSystem 系统

任务描述

在 ExamSystem 系统登录界面输入的用户名及密码通过数据库中的数据判断是否为合法用户，通过检验后登录 ExamSystem 系统，否则提示用户输入错误。

任务分析

登录系统通常是程序的第一步操作，在用户登录系统时我们要对用户输入的用户名及密码进行校验。如果用户输入的数据与之前保存在数据库中的数据一致，则允许用户进行下一步操作，否则我们应该怀疑是否有人正在进行非法访问，此时应该及时给出用户必要的提醒，让用户重新输入用户名及密码。

本任务可以分成以下两个步骤。

- 使用 Connection 对象操作应用程序连接 SQL Server 数据库。
- 将用户的输入数据与数据库中的数据进行比对校验，并提示用户相应的后继操作。

其中第一个步骤在前面的任务中已经完成，现在主要实现第二个步骤。

3.3.1 任务实现代码及说明

根据上面的提示步骤，编码查询 ExamSystemDB 数据库中是否存在输入的用户记录，如果存在，则登录系统，跳转到欢迎窗体；否则提示登录失败。如果数据库发生异常，则提示“数据库暂时无法访问”。实现步骤如下。

（1）命名空间处添加 SQL Server 命名空间，代码如下：

```
using System.Data.SqlClient;
```

（2）“登录”按钮代码如下：

```
private void btnOK_Click(object sender, EventArgs e)
    {
        // 数据库连接字符串
        string strCon =
            "Data Source=STAR\\SQLEXPRESS;Initial Catalog=ExamSystemDB; User
ID=sa;Pwd=123";
        // 创建数据库连接对象
        SqlConnection conn = new SqlConnection(strCon);
        string strSql = string.Format("select count(*) from admin where
```

```
AdminName='{0}' and AdminPwd='{1}'", txtName.Text, txtPwd.Text);
            try
            {
                conn.Open();
                SqlCommand comm = new SqlCommand(strSql, conn);
                if ((int)comm.ExecuteScalar() == 1)
                {
                    MainFrm mainFrm = new MainFrm();
                    mainFrm.Show();//打开管理员主窗体
                    this.Hide();
                }
                else
                {
                        MessageBox.Show("请核对用户名及密码！");
                }
            }
            catch (Exception)
            {
                MessageBox.Show("数据库暂时无法访问" );
            }
            finally
            {
                conn.Close();
            }
        }
```

说明：

```
string strSql = string.Format("select count(*) from admin where AdminName='{0}'
and AdminPwd='{1}'", txtName.Text, txtPwd.Text);
```

上面的代码通过字符串构造语句实现，因为我们在输入用户名及密码时，需要告诉 SQL Server 数据库用户名及密码两个变量的值，所以 strSql 字符串变量需要使用“+”拼接起来，或者使用此实例中的 string.Format()方法来实现。推荐大家使用 string.Format()方法来实现，使用这种方法不仅修改起来方便，而且程序看起来也会结构清晰，不容易产生拼写错误。

虽然上面的代码不多，尤其是涉及数据库操作的核心代码极少，但是很多人都在此遇到了很大的问题，他们不知道如何根据数据库中的数据进行合法登录系统的判断。下面用尽量通俗易懂的话来描述如何实现上述功能。

代码主要实现根据数据库中的数据及用户在 ExamSystem 系统登录界面输入的数据进行比对，然后判断是否为合法用户（用户输入用户名及密码是否与数据库中保存的用户名和密码一致）。如果是合法用户，则允许登录并打开 MainFrm 窗体；如果不是合法用户，则提示用户输入错误。

因此，基本的数据来源于两个地方：一个地方是之前保存在数据库中的用户名及密码；另一个地方就是用户在 ExamSystem 系统登录界面输入的用户名及密码。用户输入的数据可以直接从文本控件的 Text 属性获取，但是如何获取数据库中保存的数据呢？

实际上在本程序中，我们并未从数据库中获取数据，而是把用户输入的数据放到数据库中进行查找，数据库根据查找的结果返回一个结果而已。听起来好像有点绕，但道理很简单。来做个比喻，假设我们访问一个机密部门，在门口肯定会被门卫拦下，然后告诉门卫已经预约了贵部门的张三，这时门卫就会去部门中询问张三是否有此事，如果部门不存在张三这个人，或者虽然存在张三这个人，但是他说没有预约这回事，那么我们就不能进入该部门；相反，我们就可以进入该部门。

我们可以把数据库看成机密部门的门卫，而进入机密部门就是进入 MainFrm 窗体。简单来说，我们想登录一个系统，要在系统登录窗体提供正确的用户名及密码，数据库用来验证用户名及密码的输入是否正确。

现在关键的问题是如何使用 SQL 语句验证用户名及密码的正确性。

我们可以使用 SQL 语句中的 count()聚合函数完成上述验证。简单来说，就是利用 count()聚合函数根据 where 语句中的条件(用户名是什么？密码是什么？)返回符合条件的记录个数。在正常的情况下，如果符合条件的记录个数为 1，则表示数据库中存在合法记录（用户名及密码均正确的记录个数）；如果符合条件的记录个数为 0，则表示数据库中不存在合法记录。

现在我们再把上面的程序重新整理一遍，为了使人们更容易理解，我们先删除有关异常处理的部分代码。

- 创建数据库连接字符串 strCon（访问数据库时需要）。
- 创建数据库连接对象 conn（根据数据库连接字符串 strCon 生成）。
- 打开数据库连接（conn.Open()）。
- 创建数据库命令对象 comm（根据两个条件创建：一个是数据库要执行的 SQL 语句 strSql；另一个是数据库的连接对象 conn）。
- 关键的 SQL 语句 strSql 是需要我们根据实际情况来编写的（本实例利用 count()聚合函数得到符合条件的记录个数）。
- 由数据库命令对象 comm 的特定方法得到我们想要的数据（本实例可以使用命令对象的 ExecuteScalar()方法得到数据库执行命令的首行首列数据。也就是说，如果我们把数据库的数据看成一个由行和列组成的二维表，则会得到左上角格子中的数据）。
- 因为 ExecuteScalar()方法得到的数据是 object 对象，如果要对 0 或 1 进行数字判断，则必须强制将其转换为 int 类型才能进行数字的对比判断。

上述的过程再加上异常处理部分代码就是整个的程序逻辑实现。

（3）程序运行界面如图 3-20 所示。

（4）输入正确的用户名及密码后，单击“登录”按钮，打开“管理员主窗体”界面，如图 3-21 所示。

图 3-20 “登录”窗体界面

图 3-21 “管理员主窗体”界面

3.3.2 什么是 Command 对象

Command 对象也是.NET Framework 数据提供程序的一个核心对象。Command 对象用于执行面向数据库的一次简单查询。此查询可执行创建、添加、取回、删除或更新记录等操作。

如果该查询用于取回数据，则此数据将以一个 RecordSet 对象返回。这意味着被取回的数据能够被 RecordSet 对象的属性、集合、方法或事件进行操作。

也就是说，Command 对象负责执行命令并从数据源中获得返回结果。如果把 Connection 对象看作连接两岸（数据库与应用程序）的桥梁，则可以把 Command 对象看作运货的汽车，它负责将数据在数据库与应用程序之间移动。

3.3.3 使用 Command 对象

同 Connection 对象一样，Command 对象也属于.NET Framework 数据提供程序，不同的数据提供程序有各自的 Command 对象，如表 3-6 所示。

表 3-6 .NET Framework 数据提供程序及相应的 Command 对象

.NET Framework 数据提供程序	连 接 类	命 名 空 间
SQL 数据提供程序	SqlCommand	System.Data.SqlClient
Oracle 数据提供程序	OracleCommand	System.Data.OracleClient
OLE DB 数据提供程序	OleDbCommand	System.Data.OleDb
ODBC 数据提供程序	OdbcCommand	System.Data.Odbc

在建立了 Connection 对象之后，我们就可以使用相应的 Command 对象来执行应用程序对数据库的操作。创建 Command 对象的语法格式如下：

```
SqlCommand comm=new SqlCommand(string sqlStr,SqlConnection conn);
```

创建一个 Command 对象需要两个参数：第一个参数是要执行的 SQL 语句，第二个参数是已经创建的 Connection 对象。

Command 对象的主要属性和方法如表 3-7 和表 3-8 所示。

表 3-7 Command 对象的主要属性

属 性	说 明
Connection	Command 对象使用的数据库连接
CommandText	要执行的 SQL 语句

表 3-8 Command 对象的主要方法

方 法	说 明
int ExecuteNonQuery()	返回命令所影响的行数
SqlDataReader ExecuteReader()	返回 DataReader 对象
object ExecuteScalar()	返回执行结果的首行首列

一般在判断用户输入数据是否与数据库数据一致时使用的是 ExecuteScalar()方法，实现方法是：利用 SQL 语句中的 count()聚合函数来判断数据库中应用程序查询语句的记录条数。

使用 Command 对象的步骤如下。

- 创建数据库连接。
- 定义要执行的 SQL 语句。
- 创建 Command 对象。
- 调用 Command 对象中的某个方法执行 SQL 命令。

3.3.4 常见错误与问题

1．没有打开或关闭数据库连接

在执行 Command 对象前必须先打开数据库连接。如果没有打开数据库连接，则会出现下面的异常。

try 部分代码修改如下：

```
try
{
```

```
    //  conn.Open();
        SqlCommand comm = new SqlCommand(sqlStr, conn);
        if ((int)comm.ExecuteScalar() == 1)
        {
            MessageBox.Show("登录数据库成功！");
            Test myForm = new Test();
            myForm.Show();
        }
    }
    catch (Exception ex)
    {
        MessageBox.Show(ex.Message);
    }
```

程序运行后，单击“登录”按钮会弹出异常提示消息框，如图 3-22 所示，提示没有打开数据库连接。

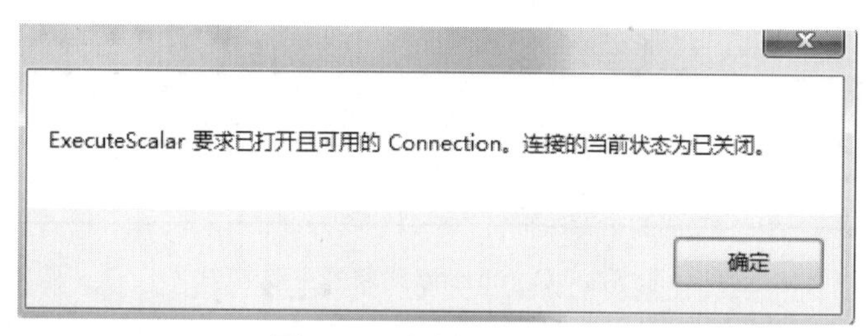

图 3-22 异常提示消息框

删除“// conn.Open();”语句的注释就可以解决上述问题。如果在程序中忘记编写数据库连接打开命令，则加上打开命令即可。

2．ExecuteScalar()方法的返回值没有进行类型转换

ExecuteScalar()方法的返回值是 object 对象类型，而不是我们主观上认为的数字类型，所以在进行操作时必须将其进行数据类型的转化，否则就会出现数据类型不匹配的错误。没有对 ExecuteScalar()方法进行数据类型转化会发生异常的情况如图 3-23 所示。

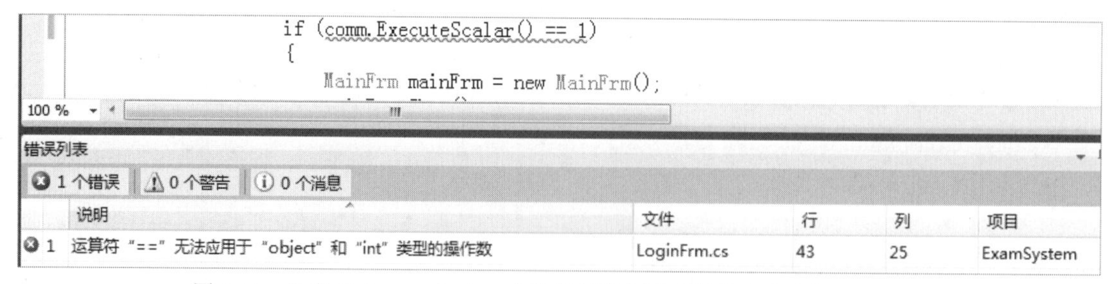

图 3-23 没有对 ExecuteScalar()方法进行数据类型转换会发生的异常情况

3.3.5 上机实训

【上机练习 7】

实现 ExamSystem 系统管理员登录功能。

- 需求说明。

- 输入管理员用户名和密码，并选择登录类型为管理员。
- 在数据库中查询管理员用户名和密码是否与用户输入一致，并且登录类型也为管理员。
- 如果验证通过，则跳转登录成功后的窗体，否则给出必要提示。
- 使用 DBHelper 类编写有关数据库的操作方法。
- 对数据库的操作采用调用 DBHelper 类相应方法来实现。

“管理员主窗体”界面如图 3-24 所示。

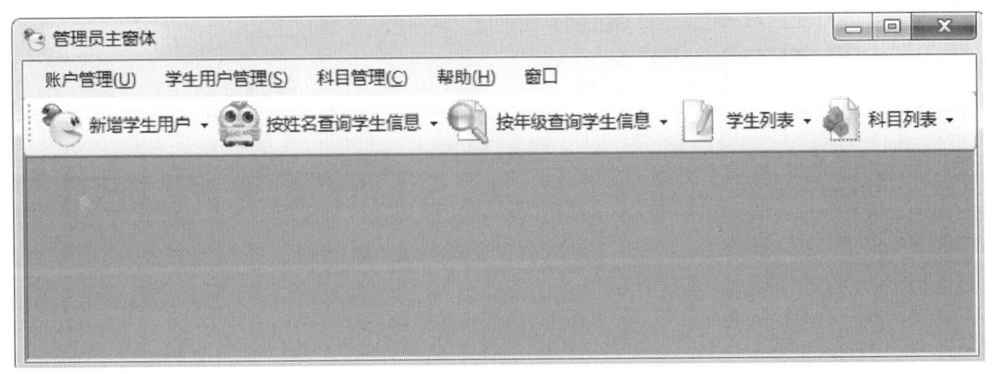

图 3-24 “管理员主窗体”界面

- 在 DBHelper 类中添加方法 LoginSystem(string strLoginName,string strPwd)，代码如下：

```
public int LoginSystem(string strLoginName,string strPwd)
{
    // 数据库命令
    string strSql = "select count(*) from login where AdminName='"+
strLoginName+"' and AdminPwd='"+strPwd+ "'";
    //打开数据库连接
    TestOpenDB();
    //创建 Command 命令
    SqlCommand com = new SqlCommand(strSql,conn);
    //返回结果
    return((int)com.ExecuteScalar());
}
```

其中，加粗的语句需要格外注意，此语句是对数据库进行命令操作的 SQL 语句，由于存在用户名和密码两个参数，因此需要使用字符串拼接命令将其变成一个新的字符串。注意单引号在字符串中的位置。

【上机练习 8】

实现 ExamSystem 系统学生人数的统计。

- 需求说明。
  - 在“学生用户管理”菜单项中添加一个“统计学生人数”选项。
  - 选择“统计学生人数”选项后，在弹出的相应窗体界面中显示学生人数。
  - 使用 DBHelper 类。

- 实训要点。
  - ➢ 打开和关闭数据库连接。
  - ➢ 异常处理。
  - ➢ 创建 Command 对象。
  - ➢ 使用 ExecuteScalar()方法统计学生人数。
- 实现思路及关键代码。
  - ➢ 创建 DBHelper 类，提供对数据库的有关操作，并添加异常处理。
  - ➢ 创建 SchoolManager 类，实现对 DBHelper 类中数据库操作的方法调用。
  - ➢ 使用 DBHelper 类查询学生人数，代码如下：

```
//查询学生人数
//如果返回结果为-1，则表示失败；反之，则表示成功
public int GetStudentNumber()
{
    SqlConnection conn = new SqlConnection(strConn);
    try
    {
        string strSql = "select count(*) from Student ";
        conn.Open();
        SqlCommand comm = new SqlCommand(strSql, conn);
        int iStuNum = (int)comm.ExecuteScalar();
        return iStuNum;
    }
    catch (Exception)
    {
        return -1;
    }
    finally
    {
        conn.Close();
    }
}
```

- ➢ 使用 SchoolManager 类查询学生人数，代码如下：

```
DBHelper myDBHelper = new DBHelper();

// 执行查询学生人数操作并显示结果信息
public string StudentNumber()
{
    int iStuNum = myDBHelper.GetStudentNumber ();
    if (iStuNum == -1)
    {
        return( "查询失败");
    }
```

```
    else
    {
        return ("在校学生人数: " + iStuNum);
    }
}
//“统计学生人数”选项单击事件
SchoolManager mySchool = new SchoolManager();
MessageBox.Show(mySchool.StudentNumber());
```

【上机练习 9】

实现 ExamSystem 系统显示当前登录用户名。

- 需求说明。
  - ➢ 在“账户管理”菜单项中添加一个“当前用户”选项。
  - ➢ 选择“当前用户”选项后，在弹出的相应窗体界面中显示当前登录系统的用户名。
  - ➢ 使用 DBHelper 类。
- 实训要点。
  - ➢ 打开和关闭数据库连接。
  - ➢ 异常处理。
  - ➢ 创建 Command 对象。
  - ➢ 使用 ExecuteScalar()方法获取登录系统的用户名。
- 实现思路及关键代码。
  - ➢ 在 DBHelper 类中创建 GetLogingId()方法，该方法实现根据用户名和密码获得登录用户名的主键 AID，代码如下：

```
public int GetLogingId(string strLoginName, string strPwd)
    {
        try
        {
            // 数据库命令
            string strSql = "select Aid from admin where AdminName='" + 
strLoginName + "' and AdminPwd='" + strPwd + "'";
            //打开数据库连接
            TestOpenDB();
            //创建 Command 命令
            SqlCommand com = new SqlCommand(strSql, conn);
            //返回结果
            return ((int)com.ExecuteScalar());
        }
        catch (Exception)
        {
            return -1;
        }
    }
```

  - ➢ 在 DBHelper 类中创建 GetLoginName()方法，该方法实现根据 ID 获得登录用户名，代码如下：

```
public string GetLoginName(int iId)
    {
        try
        {
            // 数据库命令
            string strSql = "select AdminName from admin where Aid='" + iId +"'";
            //打开数据库连接
            TestOpenDB();
            //创建 Command 命令
            SqlCommand com = new SqlCommand(strSql, conn);
            //返回结果
            return ((string)com.ExecuteScalar());
        }
        catch (Exception)
        {
            return "异常";
        }
    }
```

➢ MainFrm 窗体声明 iCurId 对象，用于保存登录用户的主键，代码如下：

```
public int iCurId;
```

➢ “登录”窗体中的“登录”按钮代码如下：

```
private void btnLogin_Click(object sender, EventArgs e)
    {
        if (cboLoginType.Text == "")
        {
            MessageBox.Show("请选择登录类型！");
            return;
        }
        if (cboLoginType.Text == "系统管理员")
        {
            DBHelper mydb = new DBHelper();
            // 数据库连接字符串
            try
            {
                if (mydb.LoginSystem(txtName.Text, txtPwd.Text) == 1)
                {
                    MainFrm mainFrm = new MainFrm();
                    //记录并保存当前登录用户的主键
                    mainFrm.iCurId  =  mydb.GetLogingId(txtName.Text,  txtPwd.
Text);
                    mainFrm.Show();//打开“管理员主窗体”界面
```

```
                this.Hide();
            }
            else
            {
                MessageBox.Show("请核对用户名及密码！ ");
            }
        }
        catch (Exception)
        {
            MessageBox.Show("数据库暂时无法访问");
        }
    }
}
```

任务自测表（请在下面记录表中记录自己的学习情况，看看自己掌握的程度）

任务 3.3	看懂本任务的代码	上机练习 7	上机练习 8	上机练习 9

归纳与总结

- ADO.NET 是.NET Framework 中的一组允许应用程序与数据库交互的类。
- ADO.NET 的两个主要组件是.NET Framework 数据提供程序和 DataSet。
- .NET Framework 数据提供程序有 4 个核心对象。
- Connection 对象用于建立应用程序与数据库之间的连接，需要显式打开和关闭数据库连接。
- Command 对象允许应用程序向数据库发送命令请求，可以检索和操作数据库中的数据。
- Command 对象中的 ExecuteScalar()方法返回检索结果的首行首列数据，但返回的是一个 object 类型数据。
- 对于程序中可能发生的异常错误，我们可以使用 try…catch…finally 语句进行处理。
- 创建 DBHelper 类专门处理有关数据库操作的代码。
- 创建 SchoolManager 类处理具体事务代码。

项目 4

数据查询和操作

在项目 3 中我们初步认识了 ADO.NET，了解如何使用 ADO.NET 提供的两个组件来访问和处理数据库中的数据。之前我们已经掌握了使用 SqlConnection 对象将应用程序与数据库相连，并且利用 SqlCommand 对象中的 ExecuteScalar()方法获得单个值的查询结果。

在本项目中，我们将进一步学习使用 SqlCommand 对象中的另外两个方法，即 ExecuteReader()方法和 ExecuteNonQuery()方法完成对数据库的增加、删除、修改、查询等操作。

工作任务

- 完成 ExamSystem 项目年级绑定数据库功能。
- 完成 ExamSystem 项目按学号查询学生信息功能。
- 完成 ExamSystem 项目新增年级记录功能。
- 完成 ExamSystem 项目修改学生地址功能。
- 完成 ExamSystem 项目按学号删除学生记录功能。

技能目标

- 学会使用 SqlDataReader 对象查询数据。
- 学会使用 SqlCommand 对象对数据进行增加、删除、修改、查询等操作。
- 学会使用 DBHelper 类对数据库进行操作。
- 学会使用 ExamManager 类对 DBHelper 类进行事件处理。

预习作业

- 创建和使用 SqlDataReader 对象的方法和步骤是什么?
- 使用 ExecuteNonQuery()方法对数据库数据进行更新的步骤是什么?

任务 4.1 “学生信息”窗体年级数据绑定

任务描述

从数据库中读取年级记录数据，并将读取的年级记录显示在“学生信息”窗体界面中的“年级”下拉列表中。

任务分析

直接从数据库中利用 ExecuteReader()方法读取数据库记录数据，然后将数据绑定到“年级”下拉列表就完成了本任务。我们现在要通过 ExamManager 类对 DBHelper 类中的方法调用来完成本任务，为以后的三层架构程序设计打下基础。

4.1.1　任务实现代码及说明

实现步骤如下。

（1）打开素材文件“项目 3\任务 3.3”，或者建立一个新的项目。

（2）修改和完成使用管理员用户名及密码登录系统后打开“管理员主窗体”界面，如图 4-1 所示（添加 1 个 MenuScript 控件，1 个 ToolScript 控件）。

图 4-1　“管理员主窗体”界面

（3）在“新增学生用户”下拉按钮中添加代码，打开“学生信息”窗体界面，如图 4-2 所示。

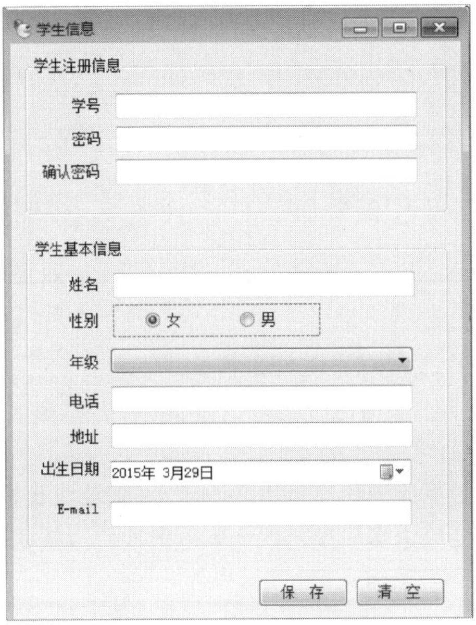

图 4-2　“学生信息”窗体界面

“新增学生用户”下拉按钮单击事件代码如下：

```
private void tsmiNewStudent_Click(object sender, EventArgs e)
{
    NewStudentFrm newStudent = new NewStudentFrm();
    newStudent.MdiParent = this;
    newStudent.Show();
}
```

（4）在“解决方案资源管理器”窗口中，右击 ExamSystem，在弹出的快捷菜单中选择“添加”→“类”命令，并将类命名为 DBHelper，在 DBHelper 类中添加公有方法 GetStudentGrade()，用于获得学生年级信息，添加 DBHelper 类的方法如图 4-3 所示。

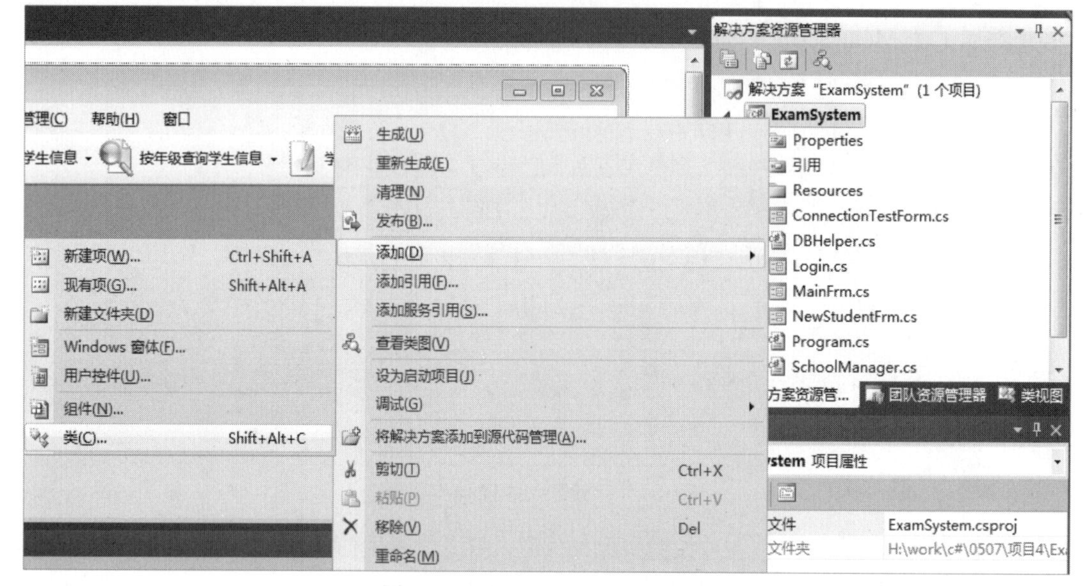

图 4-3　添加 DBHelper 类的方法

DBHelper 类必须添加 SQL 的命名空间，代码如下：

```
using System.Data.SqlClient;//添加 SQL 命名空间
```

创建数据库连接字符串 strCon，将下面的代码添加到 DBHelper 类中：

```
string strCon = "Data Source=STAR\\SQLEXPRESS;Initial Catalog=ExamSystemDB;
User ID=sa;Pwd=123";
```

在这里我们可以很清楚地发现以下两件事情。

- 如果要对数据库进行操作，则必须引入相应的数据库命名空间（如果是其他类型数据库，则要引入相应的命名空间）。
- 对数据库进行操作的数据库连接字符串必不可少（建议将数据库连接字符串放在 DBHelper 类中定义，并最好保持只定义一次，以免出现多次修改数据库连接字符串的内容）。

获得学生年级的代码如下：

```
public SqlDataReader GetStudentGrade()
{
```

```
        SqlConnection conn = new SqlConnection(strCon);
        conn.Open();
        string sql = "select gradeName from grade";
        SqlCommand command = new SqlCommand(sql, conn);
        // 执行查询操作
        SqlDataReader dataReader = command.ExecuteReader();
        return dataReader;
}
```

（5）新增 ExamManager 类，添加数据库操作的命名空间，代码如下：

```
using System.Data.SqlClient;
```

（6）添加 GetStudentGrade()方法，创建 DBHelper 对象，并调用 DBHelper 类中的公有方法 GetStudentGrade()，获得数据库中学生年级信息，代码如下：

```
DBHelper myDB = new DBHelper();
public SqlDataReader GetStudentGrade()
{
   return myDB.GetStudentGrade();
 }
```

（7）在“学生信息”窗体界面中的 FormLoad()事件中添加如下代码：

```
private void NewStudentFrm_Load(object sender, EventArgs e)
 {
     //创建 ExamManager 对象
     ExamManager myExam = new ExamManager();
     SqlDataReader dataReader = null;
     try
     {
         // 执行查询操作
         dataReader = myExam.GetStudentGrade();
         string gradeName = "";  // 年级名称
         // 循环读出所有的年级名称，并添加到“年级”下拉列表中
         while (dataReader.Read())
         {
             gradeName = (string)dataReader["GradeName"];
             cboGrade.Items.Add(gradeName);
         }
     }
     catch (Exception)
     {
         MessageBox.Show("数据库加载年级失败！");
     }
     finally
     {
```

```
            dataReader.Close();
        }
    }
```

上面程序的运行结果如图 4-4 所示。

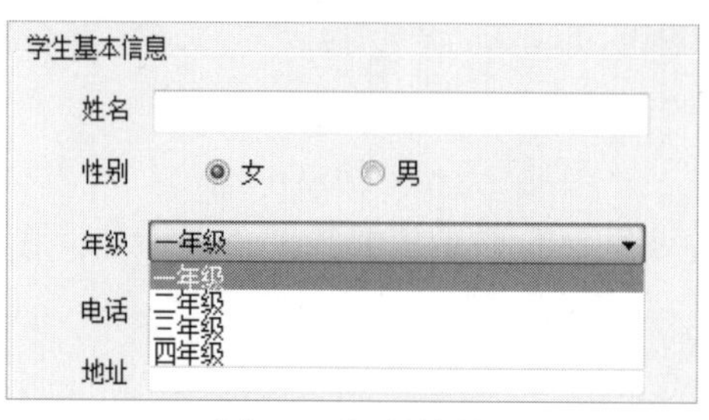

图 4-4　运行结果

小贴士

- 为了可以正常使用.NET Framework 数据提供程序，程序员一定要在每个用到数据库对象处（无论在 Windows 窗体还是在用户自定义类中）加入引用命名空间的语句“using System.Data.SqlClient;”。
- FormLoad()事件是窗体加载后要执行的事件，一般在此事件中添加数据库连接或初始化变量、对象、方法等代码，即一般程序在执行前要做的一些准备工作代码都在此事件中完成。
- 在下面的代码中，引号中的字段表示数据库中要读取的字段，不可写错，否则无法读取数据。我们也可以利用索引号进行数据的读取，但是为了防止出错还是建议读者填写字段名称。

```
gradeName = (string)dataReader["GradeName"];
```

- 很多人在写完上面代码之后运行程序，发现程序会弹出“数据库加载年级失败!”的提示，然后就不知道该怎么处理了。甚至在课堂上还有同学气愤地说：“我编写的代码和书上一样，为什么会有错？”在这里要说明三件事：第一，我们学习编程是要当程序员而不是打字员；第二，你的运行环境是否和课本的运行环境一样，如果运行环境不一样，则运行结果也不一样；第三，没有人能保证书上的内容是没有错误的，古人就曾说过“尽信书不如无书”，我们必须有选择性地看书，基本上书上的内容大部分是正确的。
- 试用下面的方法是否能解决上面的异常。
    - 是否已经正常启动 SQL Server 数据库?
    - SQL Server 数据库中是否存在用户要操作的数据库（本实例的数据库名为 ExamSystemDB）?
    - 是否可以使用 sa 用户名、密码 123 登录数据库?
    - ExamSystemDB 数据库中是否存在 Grade 表?
    - Grade 表是否有两个字段：一个是 Gid（主键），另一个是 GradeName（年级名）?
    - GradeName 字段的类型是否为可变长度字符串（varchar）?
    - Grade 表是否有数据?

- 很多读者看到一个简单的问题就要检查这么多内容，心里就会产生一种感觉："对数据库操作这么麻烦啊？"读者刚接触数据库编程时会有这样的感觉，但是时间久了就会发现其实数据库编程一点都不麻烦，因为翻来覆去就是只做这么多检查，对数据库的开发就是对数据的添加、删除、修改及查询操作。试想一下，你一天到晚对数据库操作都是增删改查，如此操作一年半载是不是会像卖油翁一样发出会心的微笑"我亦无他，惟手熟尔"。觉得难只是因为你做得少，相信自己，数据库操作一点也不难。

4.1.2 将存在项目窗体加入新建项目

前文已经创建了 ExamSystem 项目的"登录"窗体、"管理员主窗体"及"学生信息"窗体，如何实现在新建项目中使用之前项目的窗体？例如，前文创建的是 MySchool 项目，现在创建的是 ExamSystem 项目，实现步骤如下。

（1）在 MySchool 项目中找到我们需要的窗体文件，如图 4-5 所示，将其复制到 ExamSystem 项目文件夹下。

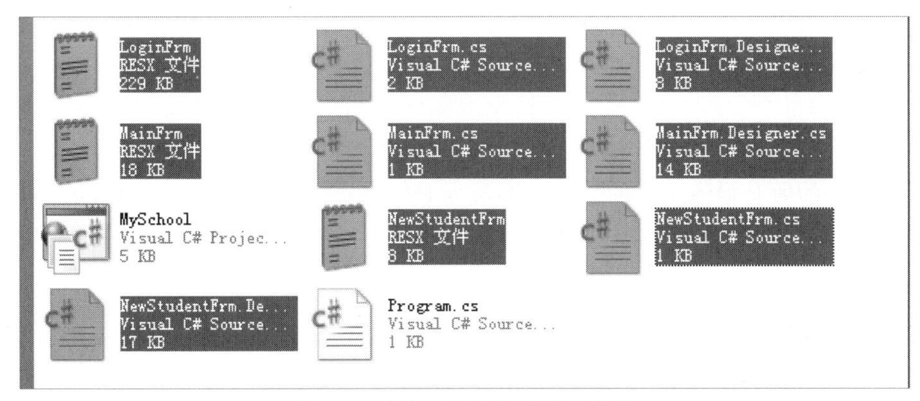

图 4-5 选中需要复制的窗体文件

（2）在 ExamSystem 项目中添加现有项，如图 4-6 所示。

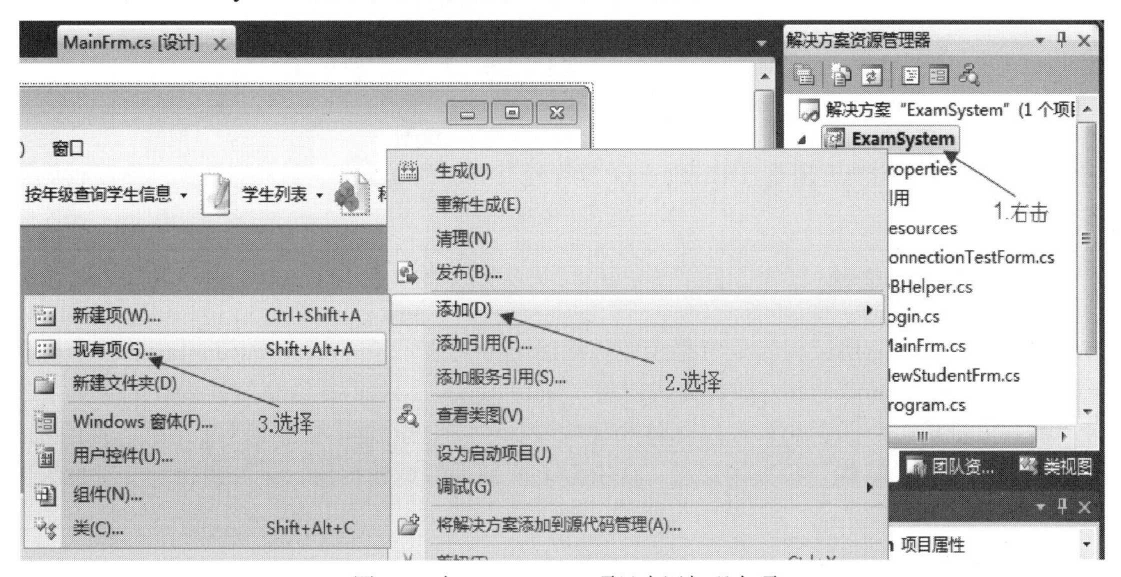

图 4-6 在 ExamSystem 项目中添加现有项

（3）添加 MySchool 项目中复制的 9 个窗体文件，如图 4-7 所示。

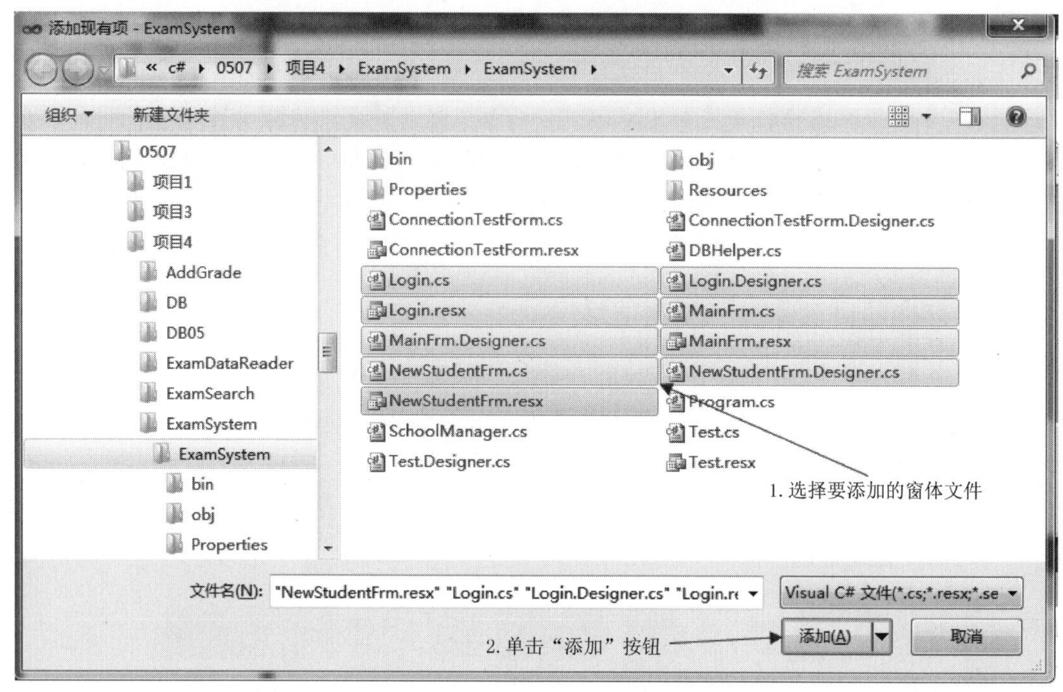

图 4-7　添加 9 个窗体文件

（4）将添加的所有窗体文件的命名空间改为 ExamSystem 项目即可，如图 4-8 所示。

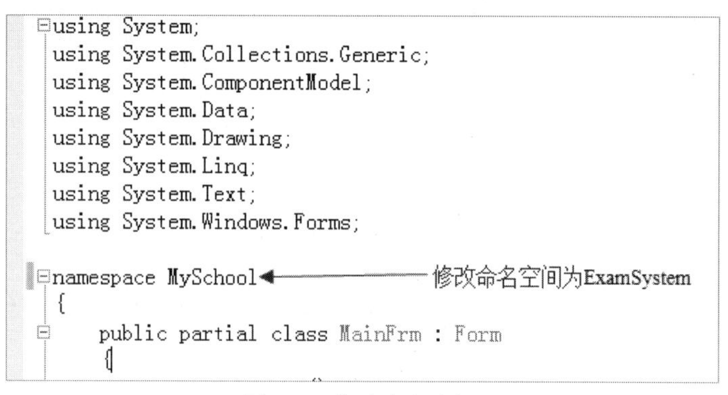

图 4-8　修改命名空间

（5）如果添加的现有项是 DBHelper.cs 这样没有界面的类文件，则只需要修改类文件的命名空间即可。

4.1.3　三层架构思想

通常意义上的三层架构就是将整个业务应用划分为表示层（Presentation Layer）、业务逻辑层（Business Logic Layer）和数据访问层（Data Access Layer）。区分层次的目的是为了符合“高内聚低耦合”的思想。在软件体系架构设计中，分层式结构是比较常见的一种结构。微软推荐的分层式结构一般分为三层，从下至上分别为数据访问层、业务逻辑层（又称为领域层）、表示层。

1. 三层架构的原理

在三层架构中，系统主要功能和业务逻辑都在业务逻辑层中进行处理。

所谓三层体系结构，是在客户端与数据库之间加入了一个“中间层”，也称为组件层。

这里所说的三层体系，不是指物理上的三层（不是简单地放置三台机器就是三层体系结构，也不仅仅有 B/S 应用才是三层体系结构）。三层是指逻辑上的三层，即把这三个层放置到一台机器上。

三层体系的应用程序将业务规则、数据访问、合法性校验等工作放到了中间层进行处理。在通常情况下，客户端不直接与数据库进行交互，而是通过 COM/DCOM 通信与中间层建立连接，再经由中间层与数据库进行交互。

三层架构基本原理图如图 4-9 所示。

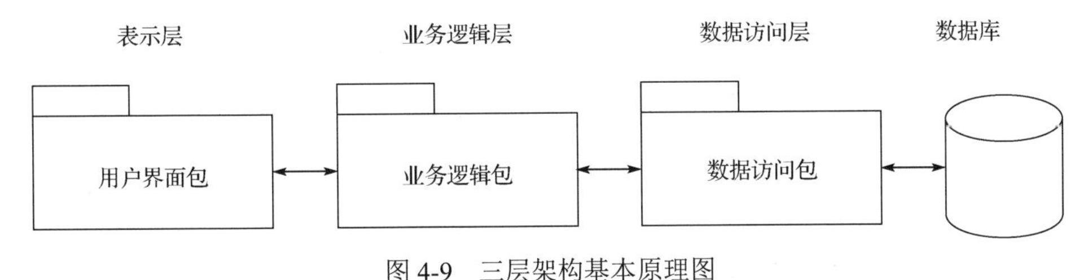

图 4-9　三层架构基本原理图

2. 三层架构各层的作用

- 数据访问层：主要是对原始数据（数据库或文本文件等存储数据的形式）的操作层，而不是指原始数据。也就是说，是对数据的操作，而不是对数据库的操作，具体为业务逻辑层或表示层提供数据服务。
- 业务逻辑层：主要是针对具体问题的操作，也可以理解成对数据业务逻辑进行处理。如果说数据访问层是积木，则业务逻辑层就是对这些积木的搭建。
- 表示层：主要表示成 Web 方式，也可以表示成 WinForm 方式，Web 方式也可以表示成 aspx。如果业务逻辑层相当强大和完善，则无论表示层如何定义和更改，业务逻辑层都能完善地提供服务。

3. 三层架构的区分方法

- 数据访问层：主要看数据访问层中有没有包含逻辑处理，实际上它的函数主要完成对数据文件的操作，而不必管其他操作。

数据访问层也称为持久层，其功能主要是负责数据库的访问，可以访问数据库系统、二进制文件、文本文档或 XML 文档。

简单来说，就是实现对数据表的查询、添加、修改、删除等操作。如果要加入 ORM 的元素，则会包括对象和数据表之间的 mapping，以及对象实体的持久化。

- 业务逻辑层：主要负责对数据访问层的操作。也就是说，把一些数据访问层的操作进行组合。

业务逻辑层是系统架构中体现核心价值的部分。它的关注点主要集中在业务规则的制定、业务流程的实现等与业务需求有关的系统设计。也就是说，业务逻辑层与系统所应对的领域逻辑有关。很多时候，也将业务逻辑层称为领域层。例如，Martin Fowler 在 *Patterns of Enterprise Application Architecture* 一书中，将整个架构分为三个主要的层：表示层、领域层和数据源层。作为领域驱动设计的先驱，Eric Evans 对业务逻辑层进行了更细致的划分，划分为应用层与领域层，通过分层进一步将领域逻辑与领域逻辑的解决方案分离。

业务逻辑层在体系架构中的位置很关键，它处于数据访问层与表示层中间，在数据交换中起到了承上启下的作用。由于层是一种弱耦合结构，层与层之间的依赖是向下的，底层对于上层而言是“无知”的，改变上层的设计对其调用的底层而言没有任何影响。如果在分层设计时，遵循了面向接口设计的思想，则这种向下的依赖也应该是一种弱依赖关系。因而在不改变接口定义的前提下，理想的分层式架构应该是一个支持可抽取、可替换的“抽屉”式架构。正因为如此，业务逻辑层的设计对于一个支持可扩展的架构尤为关键，因为它扮演了两个不同的角色。对于数据访问层来说，它是调用者；对于表示层来说，它却是被调用者。依赖与被依赖的关系都纠结在业务逻辑层上。

- 表示层：主要对用户的请求接受，以及数据的返回，为客户端提供应用程序的访问。

表示层位于最外层（最上层），最接近用户，用于显示数据和接收用户输入的数据，为用户提供一种交互式操作的界面。

4．三层架构的优点与缺点

三层架构有如下优点。

- 程序员可以只关注整个结构中的某一层。
- 可以很容易地用新的实现来替换原有层次的实现。
- 可以降低层与层之间的依赖。
- 有利于标准化。
- 有利于各层逻辑的复用。
- 使结构更加明确。
- 在后期维护时，极大地降低了维护成本和维护时间。

三层架构有如下缺点。

- 降低了系统的性能。如果不采用分层式结构，则很多业务可以直接访问数据库，以此获取相应的数据，而如今却必须通过中间层来完成。
- 有时会导致级联修改。这种修改尤其体现在自上而下的方向。如果在表示层中增加一个功能，为保证其设计符合分层式结构，可能需要在业务逻辑层和数据访问层中都增加相应的代码。
- 增加了开发成本。

5．三层架构与 MVC 的区别

MVC（模型-视图-控制器）是一种架构模式，它可以用于创建在域对象和 UI 表示层对象之间的区分。

三层架构与 MVC 相同的地方在于它们都有一个表示层，它们不同的地方在于业务逻辑层和数据访问层。

在三层架构中没有定义控制器的概念，而 MVC 也没有把业务的逻辑访问看成两个层，这是采用三层架构或 MVC 搭建程序最主要的区别。在三层架构中也提到了模型，但是三层架构中的模型概念与 MVC 中的模型概念是不一样的，三层架构中的模型是由实体类构成的，而 MVC 中的模型是由业务逻辑与访问数据构成的。

我们在 ExamSystem 系统中通过窗体（表示层）、ExamManager 类（业务逻辑层）和 DBHelper 类（数据访问层），简单模拟和实现了三层架构编程的思想。当然，三层架构远远不是我们项目中实现的这样简单，在此我们只是希望读者可以建立起三层架构的程序设计思想，为日后程序设计打下一定的基础。

4.1.4 DataReader 对象概述

ADO.NET 的 DataReader 对象只允许以只读、顺向的方式查看其中所存储的数据，提供一

个非常有效率的数据查看模式，同时 DataReader 对象还是一种非常节省存储空间的数据对象。DataReader 对象从数据源中检索只读、只进的数据流，每次只从数据源中获取一条记录。

DataReader 对象可以通过 Command 对象的 ExecuteReader()方法从数据源中检索数据来创建。每一种.NET Framework 数据提供程序都有与之对应的 DataReader 类，如表 4-1 所示。

表 4-1 .NET Framework 数据提供程序及其 DataReader 类

.NET Framework 数据提供程序	DataReader 类	命名空间
SQL 数据提供程序	SqlDataReader	System.Data.SqlClient
Oracle 数据提供程序	OracleDataReader	System.Data.OracleClient
OLE DB 数据提供程序	OleDbDataReader	System.Data.OleDb
ODBC 数据提供程序	OdbcDataReader	System.Data.Odbc

使用 DataReader 对象读取数据时不能修改数据。应用程序要始终保持和数据库的连接。DataReader 对象的主要属性和方法如表 4-2 和表 4-3 所示。

表 4-2 DataReader 对象的主要属性

属　性	说　明
HasRows	表示查询是否返回结果。如果有返回结果则返回 true，否则返回 false
FieldCount	当单前行中的列数

表 4-3 DataReader 对象的主要方法

方　法	说　明
bool Read()	前进到下一条记录，如果读取到记录则返回 true，否则返回 false
void Close()	关闭 DataReader 对象

4.1.5 创建和使用 SqlDataReader 对象

使用 SqlDataReader 对象需要调用 SqlCommand 对象的 ExecuteReader()方法，ExecuteReader()方法的返回值就是一个 SqlDataReader 对象。然后使用 SqlDataReader 对象的 Read()方法读取一条记录。

创建和使用 SqlDataReader 对象的步骤如下。

- 调用 SqlCommand 对象的 ExecuteReader()方法返回 SqlDataReader 对象。

假设我们已经创建了一个 SqlCommand 对象，对象名是 comm，创建 SqlDataReader 对象的语法格式如下：

```
SqlDataReader myReader = comm.ExecuteReader();
```

- 调用 SqlDataReader 对象的 Read()方法逐条读取查询结果集中的记录。

Read()方法返回的是一个布尔值，如果能读到数据则返回 true，否则返回 false，语法格式如下：

```
myReader.Read();
```

- 读取当前行指定列的数据。

该操作类似对数组对象的操作，可以指定选取的列名，也可以为索引号（和数组一样，从

0 开始），语法格式如下：

```
(数据类型)dataReader["指定列名"];
(数据类型)dataReader[索引号];
```

- 关闭 SqlDataReader 对象。

如果我们正在通电话，当其他人给我们打电话时，就会提示“您拨打的电话正在通话中”，只有当我们结束通话后，其他人才能打通我们的电话。当使用 SqlDataReader 对象读取数据时也会占用数据库连接，因此我们在使用完 SqlDataReader 对象之后必须调用 Close()方法关闭数据库连接，这样其他与数据库的连接操作才可以对数据库进行连接，语法格式如下：

```
myReader.Close();
```

4.1.6 常见错误与问题

- DBHelper 类中的 GetStudentGrade()方法没有定义为公有。

在默认的情况下，类中的方法默认为私有。如果我们没有将该方法定义为公有，则在 ExamManager 类中就无法调用 DBHelper 类中的 GetStudentGrade()方法，Visual Studio 会提示错误，如图 4-10 所示。

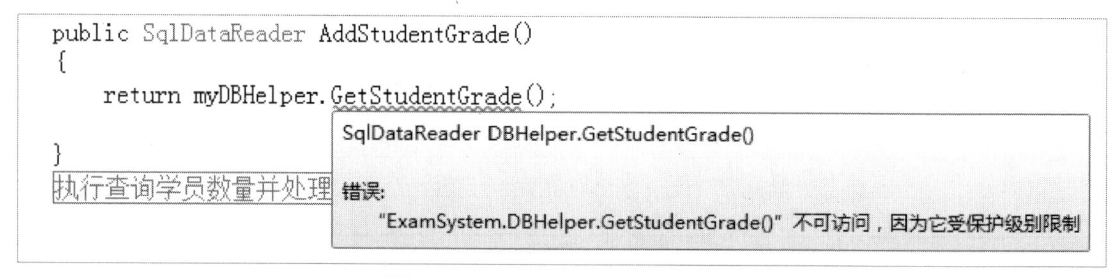

图 4-10　Visual Studio 会提示错误

- 在读取 SqlDataReader 对象数据前没有执行 Read()方法，代码如下：

```
gradeName = (string)dataReader[0];
cboGrade.Items.Add(gradeName);
```

代码在编译时虽然没有报错，但是在运行时会发生异常，弹出提示消息框，如图 4-11 所示。

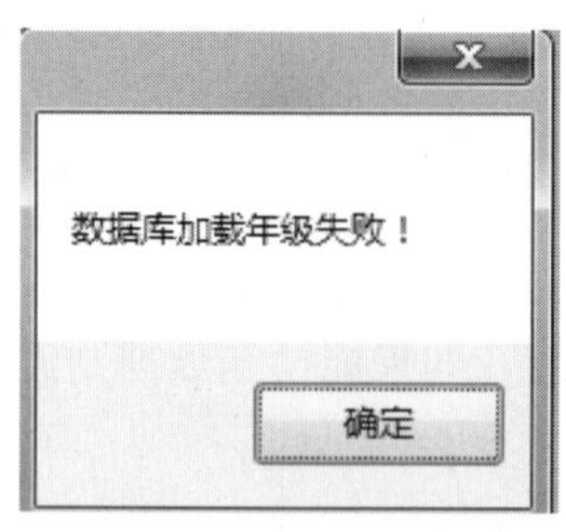

图 4-11　SqlDataReader 对象读取异常消息框

- 关闭 SqlDataReader 对象之前，又使用 SqlCommand 对象执行数据库的其他操作。

如果出现此种情况会出现异常信息提示：已有打开的与此命令相关联的 SqlDataReader 对

象，必须先将它关闭。

解决上述问题的办法是，在 SqlDataReader 对象获取数据之后调用 Close()方法将其关闭，代码如下：

```
dataReader.Close();
```

4.1.7　上机实训

【上机练习 1】

查看学生列表。

- 需求说明。
  - ➢ 创建 ExamSystem 项目。
  - ➢ 创建用于操作 SQL Server 数据库的 DBHelper 类，获取数据库中的学生记录。
  - ➢ 创建 ExamManager 类用于管理 DBHelper 类中的学生列表。
  - ➢ 单击“学生列表”下拉按钮，将学生记录信息显示在主窗体的 ListView 控件中。
- 实现思路及关键代码。
  - ➢ 创建“管理员主窗体”，界面参考图 4-1。
  - ➢ 创建“学生列表”窗体，在该窗体中添加 ListView 列表控件 lvStudent，并设置其 View 属性为 Details，Columns 属性设置如图 4-12 所示。

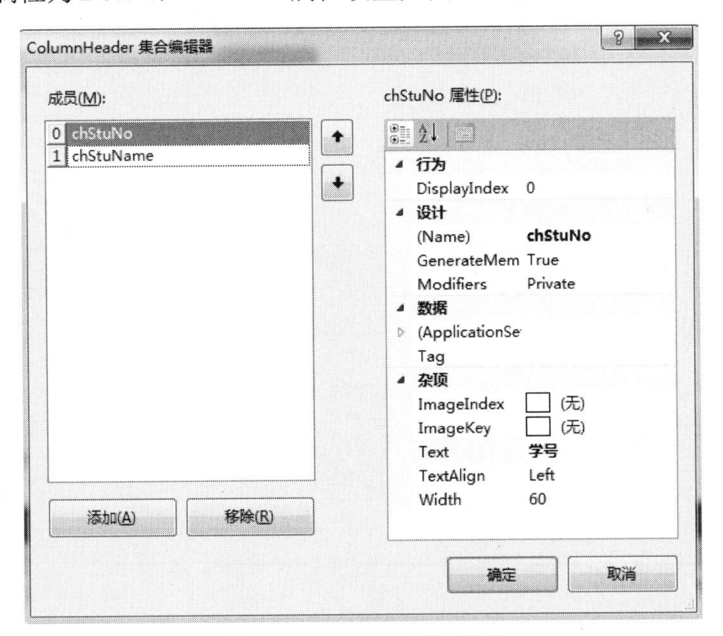

图 4-12　Columns 属性设置

  - ➢ 在 DBHelper 类中添加 GetStudentInfo()方法，用于获取学生信息记录，代码如下：

```
public SqlDataReader GetStudentInfo()
 {
     SqlConnection conn = new SqlConnection(strConn);
     try
     {
         conn.Open();
```

```
        StringBuilder sb = new StringBuilder();
        sb.AppendLine("SELECT");
        sb.AppendLine("        [StudentID]");
        sb.AppendLine("       ,[StudentName]");
        sb.AppendLine("FROM");
        sb.AppendLine("        [Student]");

        SqlCommand comm = new SqlCommand(sb.ToString(), conn);
        return comm.ExecuteReader();
    }
    catch (Exception)
    {
        return null;
    }
}
```

注意理解和掌握此段代码生成数据库查询语句的方法，并与之前学过的字符串拼接及String.Building()方法进行优劣比较。

➢ 在 ExamManager 类中添加 ShowStudentInfo()方法及调用 DBHelper 类中的 GetStudentInfo()方法，用于获取学生信息记录，返回的数据类型为 SqlDataReader，代码如下：

```
public SqlDataReader ShowStudentInfo()
{
    return myDB.GetStudentInfo();
}
```

➢ “学生列表”窗体用于显示学生信息，该窗体加载 StudentListForm_Load()事件代码如下：

```
private void StudentListForm_Load(object sender, EventArgs e)
 {
     ExamManager myExam = new ExamManager();
     SqlDataReader reader = myExam.ShowStudentInfo();

     if (reader == null)
     {
        MessageBox.Show("无法读取学生信息!");
     }
     //循环读取 DataReader
     while (reader.Read())
     {
        string stuNo = reader["StudentID"].ToString();
        string stuName = reader["StudentName"].ToString();
```

```
            ListViewItem item = new ListViewItem(stuNo);
            item.SubItems.Add(stuName);

            lvStudent.Items.Add(item);
        }
        //关闭 DataReader
        reader.Close();
    }
```

【上机练习 2】

查看科目列表。

- 需求说明。
  - 创建 ExamSystem 项目。
  - 创建用于操作 SQL Server 数据库的 DBHelper 类，获取数据库中的科目记录。
  - 创建 ExamManager 类用于管理 DBHelper 类中的科目列表。
  - 单击“科目列表”下拉按钮，将科目记录信息显示在主窗体的 ListView 控件中。
  - 添加必要的异常处理代码。
- 实现思路及关键代码。
  - 可以使用 DataReader 查看数据库中一个表的数据。
  - 省略关键代码（参考上机练习 1）。

【上机练习 3】

MyATM 数据库的实现。

- 需求说明。
  - 创建数据库 MyBank。
  - 创建表 User（基本字段为 UID、uName、uPwd、uCardNum、uBanlance）。
  - 创建登录窗体。
  - 创建登录后主窗体（参考项目 2）。
  - 实现查询功能。
  - 实现存取款功能。
  - 实现转账功能。

任务自测表（请在下面记录表中记录自己的学习情况，看看自己掌握的程度）

任务 4.1	看懂本任务的代码	上机练习 1	上机练习 2	上机练习 3

任务 4.2　根据学生姓名查询学生信息

任务描述

在 ExamSystem 项目中单击“按姓名查询学生信息”下拉按钮，弹出“查询学生信息”窗体。在“学生姓名”文本框中输入学生姓名，单击“查询”按钮。如果查到学生信息则显示该学生信息；如果没有查询到学生信息则弹出消息框提示“不存在该学生，请重新按姓名查询”；如果数据库出现异常则弹出消息框提示“数据库异常”。

任务分析

利用 ExecuteReader()对象，设定合适的 SQL 查询语句完成本任务，并将结果显示在 ListView 控件中。注意 ExamManager 类与 DBHelper 类的使用技巧。

4.2.1 任务实现代码及说明

实现步骤如下。

（1）打开素材文件“项目 3\任务 3.3”，或者创建一个新的项目。

（2）修改和完成使用管理员用户名及密码登录系统后打开“管理员主窗体”界面，如图 4-1 所示。

（3）创建“查询学生信息”窗体（SerarchStuFrm），其中，可以使用 ListView 控件显示学生信息，有关此控件的介绍见 4.2.2 部分说明。

（4）在“按姓名查询学生信息”下拉按钮事件中添加打开“查询学生信息”窗体代码，代码如下：

```
private void "查询学生信息"MToolStripMenuItem_Click(object sender, EventArgs e)
{
    SerarchStuFrm stuForm = new SerarchStuFrm ();
    stuForm.MdiParent = this;
    stuForm.Show();
 }.
```

上面的代码将打开一个 MDI 子窗体，并指定当前窗体为 MDI 父窗体。

（5）在 DBHelper 类中添加 GetStuByName()方法，代码如下：

```
public SqlDataReader GetStuByName(string strName)
  {
     SqlConnection conn = new SqlConnection(strCon);
     try
     {
        conn.Open();
        string sql = "select * from student where StudentName='" + strName + "'";
        SqlCommand comm = new SqlCommand(sql, conn);
        // 执行查询操作
        return comm.ExecuteReader();
     }
     catch (Exception)
     {
        return null;
     }
  }
```

因为我们要根据学生姓名查询学生信息，所以定义了一个 strName 字符串参数来传递要查询的学生姓名。

（6）在 ExamManager 类中添加 GetStuByName()方法，代码如下：

```
public SqlDataReader GetStuByName(string strName)
{
    return myDB.GetStuByName(strName);
}
```

（7）创建“查询学生信息”窗体，界面如图 4-13 所示。

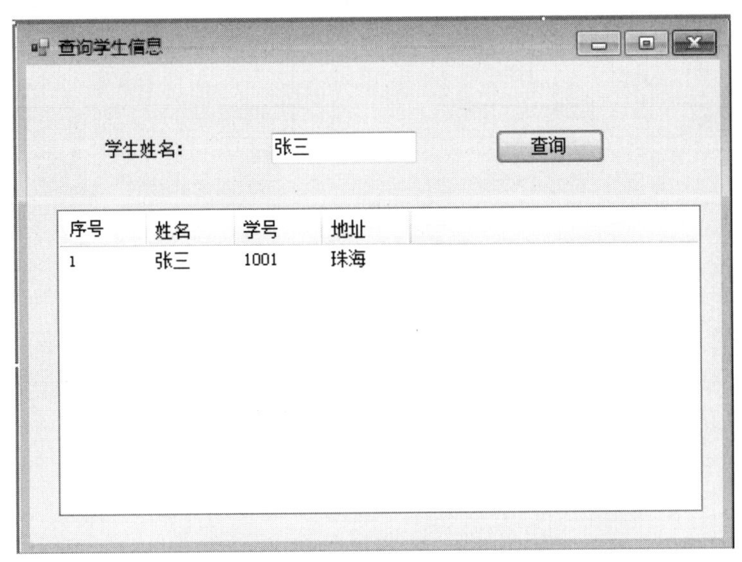

图 4-13　“查询学生信息”窗体界面

（8）设置“查询学生信息”窗体中的 ListView 控件的 View 属性为 Details。

（9）设置“查询学生信息”窗体中的 ListView 控件的 Columns 4 个成员。添加 4 个选项，依次修改每个选项的 text 属性为“序号”、“姓名”、“学号”和“地址”。

（10）添加表 Student，并创建字段 Sid（序号）、StudentName（姓名）、学号（StudentID）、地址（StudentAddress），其中，Sid（序号）字段设置为自动增长整数类型的主键，其余字段均设置为可变字符串类型。

（11）为表 Student 添加 3～4 个学生数据。

（12）在“查询学生信息”窗体中添加命名空间，代码如下：

```
using System.Data.SqlClient;
```

（13）“查询学生信息”窗体中的“查询”按钮事件代码如下：

```
private void btnSerach_Click(object sender, EventArgs e)
{
    ExamManager myExam = new ExamManager();
    SqlDataReader dataReader = myExam.GetStuByName(txtName.Text);
    if (dataReader==null)
    {
        MessageBox.Show("数据库异常");
```

```
    }
    else if (!dataReader.HasRows)
    {
        MessageBox.Show("不存在该学生，请重新按姓名查询");
    }
    else
    {
        while (dataReader.Read())
        {
            lvStudent.Items.Clear();
            // 创建一个ListView控件
            int iId = (int)dataReader["Sid"];
            string strStudentName = (string)dataReader["StudentName"];
            string strStudentNO = (string)dataReader["StudentID"];
            string strStudentAddress = (string)dataReader["StudentAddress"];

            ListViewItem lviStudent = new ListViewItem(iId.ToString());
            lviStudent.SubItems.Add(strStudentName);
            lviStudent.SubItems.Add(strStudentNO);
            lviStudent.SubItems.Add(strStudentAddress);

            lvStudent.Items.Add(lviStudent);
        }
        dataReader.Close();
    }
}
```

在上面的代码中，“dataReader==null”语句表示数据库查询出现异常；“!dataReader.HasRows”语句表示查询到的是空记录，也就是查询不到指定学生的信息；其他情况表示根据提供的学生姓名查询到学生信息。

运行程序，单击“按姓名查询学生信息”下拉按钮，弹出“查询学生信息”窗体界面，在“学生姓名”文本框中输入“张三”，单击“查询”按钮，在数据库中查询到学生“张三”的信息，结果会显示在 ListView 控件中，如图 4-13 所示。

4.2.2 ListView 控件介绍

列表视图控件（ListView）是 Windows 系统中一个很重要的控件。在 Windows 系统中 ListView 控件随处可见，如 Windows 资源管理器就是使用 ListView 控件实现的，如图 4-14 所示。

使用 ListView 控件可以设置特定样式或视图显示信息，它有多种视图模式，如大图标（LargeIcon）、小图标（SmallIcon）、列表（List）、详细信息（Detail）、平铺（Tile）等，读者可自行在 Windows 资源管理器中查看各种视图的不同显示效果。

ListView 控件的主要属性、事件、方法如表 4-4 至表 4-6 所示。

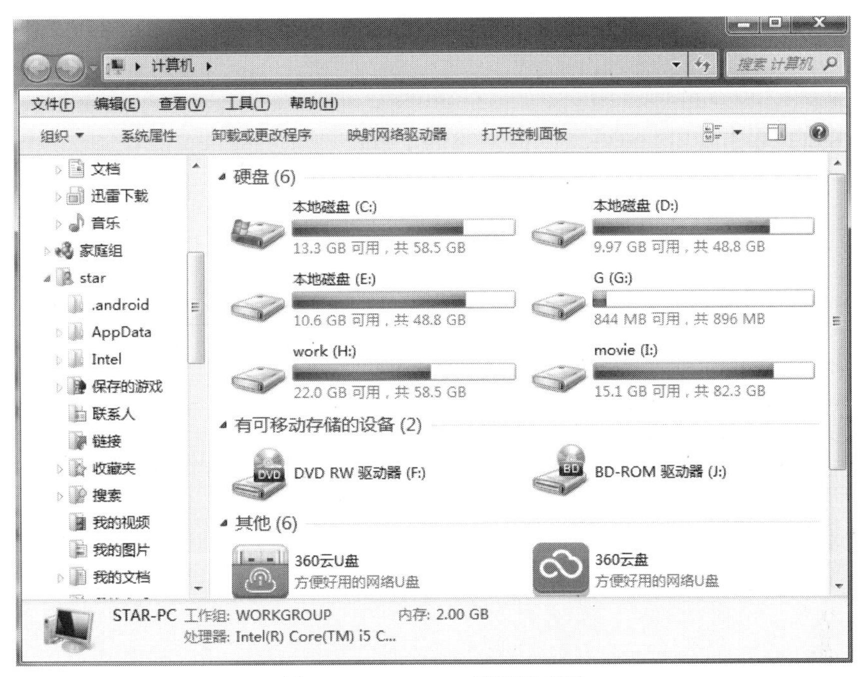

图 4-14 Windows 资源管理器

表 4-4 ListView 控件的主要属性

属　性	说　明
Columns	“详细信息”视图中显示的列
FullRowSelect	当选中某项时，它的子项是否同该项一起突出显示
Items	ListView 中所有项的集合
MultiSelect	是否允许选择多项
SelectedItems	选中的项的集合
View	指定 ListView 的视图模式
LargeImageList	ListView 用于大图标视图中图像的 ImageList 控件
SmallImageList	ListView 用于小图标视图中图像的 ImageList 控件

表 4-5 ListView 控件的主要事件

事　件	说　明
MouseDoubleClick	双击事件

表 4-6 ListView 控件的主要方法

方　法	说　明
Clear()	移除 ListView 控件中的所有项

使用 ListView 控件动态添加数据的方法如下。

- 创建一个 ListViewItem 对象。

语法格式如下：

```
ListViewItem 指定 ListViewItem 对象名 = new ListViewItem(项的文本);
```

例如：

```
ListViewItem lviStudent = new ListViewItem(loginId.ToString());
```

- 使用 add()方法增加 ListViewItem 对象的子项。

语法格式如下：

```
指定 ListViewItem 对象名.SubItems.Add(增加的子项);
```

例如：

```
lviStudent.SubItems.Add(studentName);
lviStudent.SubItems.Add(studentNO);
lviStudent.SubItems.Add(userAddress);
```

- 将生成的 ListViewItem 对象的子项加入 ListView 对象中。

语法格式如下：

```
ListView 对象.Items.Add(ListViewItem 对象);
```

例如：

```
lvStudent.Items.Add(lviStudent);
```

4.2.3 常见错误与问题

1．忘记添加清空 ListView 对象子项的语句

例如，在 4.2.1 节中，删除下面的语句：

```
lvStudent.Items.Clear();
```

虽然程序也能正常运行，但是每次都会将查询到的学生信息添加到 ListView 控件中，如图 4-15 所示。

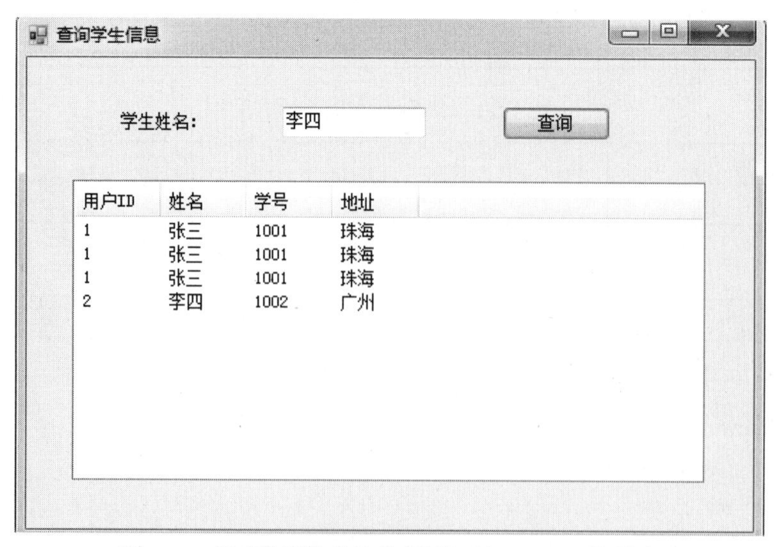

图 4-15　将查询到的学生信息添加到 ListView 控件中

2. 根据姓名进行数据库查询语句字符串拼接错误

下面的语句在拼写时一定不能忘记双引号中的单引号。

```
string sql = "select * from student where StudentName='" + strName + "'";
```

因为 SQL Server 查询语句在执行时应当是 StudentName='要查询学生姓名'，其中要查询的学生姓名为字符串，必须放在单引号中，字符串拼接错误会导致数据库查询异常。

4.2.4 上机实训

【上机练习 4】

按年级查询学生信息。

- 需求说明。
  - 在任务 4.2 的基础上创建“按年级查询学生信息”窗体。
  - 在 ExamSystemDB 数据库中的 Student 表中添加 gradeNo 字段。
  - 完成根据选定年级查询学生信息，并显示在 ListView 控件中。

输出效果参考图 4-13。

- 实现思路及关键代码。
  - 需要注意的是，给出的是年级，而在 Student 表中存在的是 gradeNo 字段。
  - 省略关键代码，代码参考 4.2.1 节。

【上机练习 5】

实现学生列表功能。

- 需求说明。
  - 创建“学生列表”窗体。
  - 单击“管理员主窗体”中的“学生列表”下拉按钮，打开出“学生列表”窗体。
  - 在“学生列表”窗体中根据选择的不同年级显示不同的学生信息。

【上机练习 6】

实现科目管理。

- 需求说明。
  - 模仿学生用户管理部分，自行设计科目管理的内容。

任务自测表（请在下面记录表中记录自己的学习情况，看看自己掌握的程度）

任务 4.2	看懂本任务的代码	上机练习 4	上机练习 5	上机练习 6

任务 4.3 ExamSystem 项目新增年级记录

任务描述

在 ExamSystem 项目“管理员主窗体”界面增加一个“新增年级”菜单项，在“新增年级”的单击事件中添加代码，打开“AddGrade”窗体，并实现增加年级的功能。

任务分析

前面我们学过的对数据库的操作只是数据库的连接和查询，现在我们要使用 Command 对象的 ExecuteNonQuery()方法来对数据库进行数据的修改。

我们的任务可以分为以下两个步骤。

- 使用 Connection 对象操作 C#应用程序连接到 SQL Server 数据库。
- 编写增加年级的 SQL 语句，并使用 SqlCommand 对象的 ExecuteNonQuery()方法对数据库进行增加数据的操作。

4.3.1 任务实现代码及说明

实现步骤如下。

（1）根据上面的任务分析，先在 ExamSystem 项目“管理员主窗体”界面中增加一个“新增年级”菜单项，如图 4-16 所示。

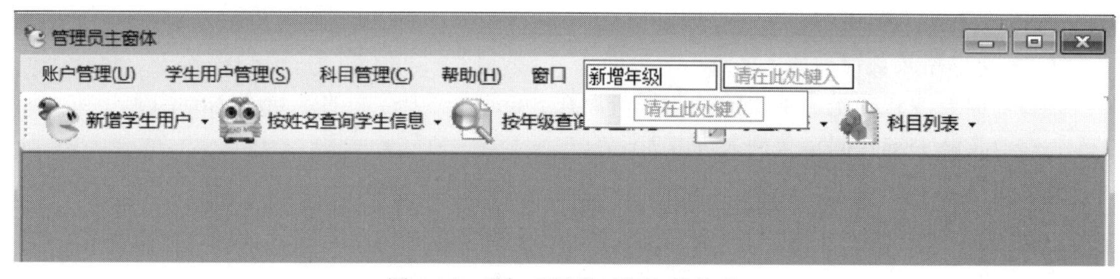

图 4-16 增加“新增年级”菜单项

（2）创建“AddGrade”（新增年级）窗体，界面如图 4-17 所示。

图 4-17 “AddGrade”窗体界面

（3）为菜单项“新增年级”添加单击事件代码，代码如下：

```
private void 增加年级ToolStripMenuItem_Click(object sender, EventArgs e)
    {
        AddGradeFrm addStuFrm = new AddGradeFrm ();
        addStuFrm.MdiParent = this;
        addStuFrm.Show();
    }
```

（4）在 DBHelper 类中添加 AddGrade()方法，代码如下：

```
public int InsertGrade(string gradeName)
    {
        SqlConnection conn = new SqlConnection(strCon);
```

```
        try
        {
            conn.Open();
            StringBuilder sb = new StringBuilder();
            sb.AppendLine("INSERT INTO");
            sb.AppendLine("          [Grade]");
            sb.AppendLine("VALUES");
            sb.AppendLine("            ('" + gradeName + "')");
            SqlCommand comm = new SqlCommand(sb.ToString(), conn);
            return comm.ExecuteNonQuery();
        }
        catch (Exception)
        {
            return -1;
        }
        finally
        {
            conn.Close();
        }
    }
```

（5）在 ExamManager 类中添加 InsertGrade()方法，代码如下：

```
public int InsertGrade(string gradeName)
{
    return myDB.InsertGrade(gradeName);
}
```

（6）为新增年级窗体中的“新增年级”按钮添加单击事件，代码如下：

```
private void btnAddGrade_Click(object sender, EventArgs e)
{
    ExamManager myExam = new ExamManager();
    if (myExam.InsertGrade(txtAddGrade.Text) == -1)
    {
        MessageBox.Show("增加年级异常！");
    }
    else
    {
        MessageBox.Show("您已经添加了年级"+txtAddGrade.Text);
    }
}
```

上面程序的运行结果如图 4-18 所示。

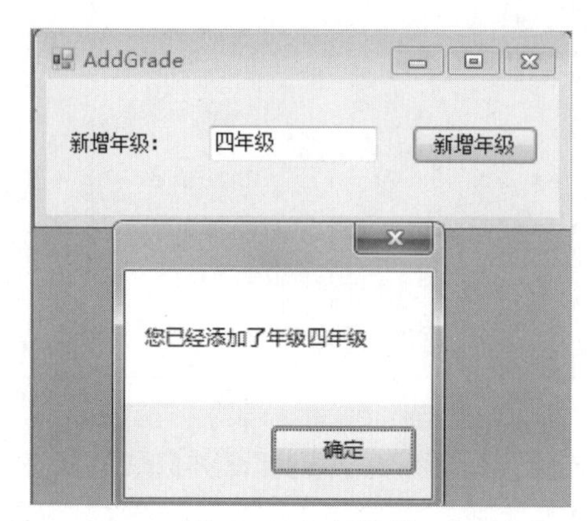

图 4-18 运行结果

4.3.2 ExecuteNonQuery()方法

SqlCommand 对象的 ExecuteNonQuery()方法用于执行指定的 SQL 语句，如 UPDATE、INSERT、DELETE，此方法返回的是受 SQL 语句影响的记录行数。例如，用户成功在数据库中添加了一条数据，调用 ExecuteNonQuery()方法就会返回受到影响的记录行数 1。同理，ExecuteNonQuery()方法也适用于删除和更新 SQL 语句。

使用 SqlCommand 对象的 ExecuteNonQuery()方法的步骤如下。

- 创建数据库 SqlConnection 连接对象。
- 编写要执行的数据库命令（SQL 语句）。
- 创建 SqlCommand 对象。
- 执行 SqlCommand 对象的 ExecuteNonQuery()方法。
- 操作完成后关闭数据库 SqlConnection 连接对象。
- 根据 ExecuteNonQuery()方法的返回值执行后继的操作。如果返回值小于或等于 0，则表示数据库没有记录受到影响。

4.3.3 常见错误与问题

1. 没有打开或关闭数据库连接

当没有打开或关闭数据库连接时，就对数据库进行操作会导致数据库操作异常。初学者平时编写程序一定要按照前面介绍的 ExecuteNonQuery()方法的操作步骤来进行编程，尽量减少不必要的错误。

2. 数据库执行命令（SQL 语句）错误

初学者在学习数据库编程时经常会遇到一些莫名其妙的错误，难免有时会手忙脚乱，不知所措。初学者要善于利用 Visual Studio 的断点调试功能，利用断点和单步调试，观察错误到底出现在什么位置，并仔细观察对象的数值，以达到排除错误的目的。

初学者很容易将数据库要执行的 SQL 语句写错，注意放置断点，观察 SQL 语句到底要执行的命令是什么。

小贴士

当数据库程序出错时，不妨设置断点，获取数据库要执行的 SQL 语句，将 SQL 语句放到

SQL Server 的查询分析器中执行，观察是能否得到想要的结果。如果不能得到自己想要的结果，则表示此 SQL 语句是错误的，排查错误后再进行尝试。

4.3.4 上机实训

【上机练习 7】

完善 ExamSystem 项目新增年级记录功能。

- 需求说明。
  - 查询管理员输入的年级名称在 Grade 表中是否已经存在。
  - 如果要增加的年级已经存在，则给出必要提示，并退出当前操作。
  - 如果要增加的年级不存在，则将该年级增加到数据库的 Grade 表中，并给出相应提示。
- 实现思路。
  - 在 DBHelper 类中添加 CheckGradeByName(string gradeName)方法，gradeName 作为参数传入方法。如果找到相同年级名称记录，则返回-1，否则返回 1。
  - 在 DBHelper 类中修改 InsertGrade(string gradeName)方法，根据 CheckGradeByName (string gradeName)方法的返回值执行插入数据。
  - 在 ExamManager 类中调用 DBHelper 类中的 InsertGrade(string gradeName)方法，完成年级记录的插入操作。

【上机练习 8】

实现 ExamSystem 项目修改学生地址功能。

- 需求说明。
  - 在“学生用户管理”菜单项中添加一个“修改学生地址”选项。
  - 选择“修改学生地址”选项可以修改学生的地址。
  - 使用 DBHelper 类及 ExamManager 类编写代码。
  - 异常处理及必要的操作提示。

【上机练习 9】

实现 ExamSystem 项目按学号删除学生记录功能。

- 需求说明。
  - 在“学生用户管理”菜单项中添加一个“删除学生”选项。
  - 在“删除学生”窗体中根据要删除学生的学号删除学生记录。
  - 使用 DBHelper 类及 ExamManager 类编写代码。

任务自测表（请在下面记录表中记录自己的学习情况，看看自己掌握的程度）

任务 4.3	看懂本任务的代码	上机练习 7	上机练习 8	上机练习 9

归纳与总结

对数据库比较常见的操作是添加、删除、修改及查询。

- SqlCommand 对象的 3 种方法对比如下。
  - ExecuteScalar()方法：执行查询操作，返回结果集中的首行首列。

  - ExecuteReader()方法：执行查询操作，返回 SqlDataReader 对象。
  - ExecuteNonQuery()方法：执行添加、删除、修改操作，返回受到影响的记录行数。
- 使用 SqlCommand 对象的 ExecuteScalar()方法查询单个值，步骤如下。
  - 创建 SqlConnection 对象。
  - 创建 SQL 语句。
  - 使用 SQL 语句和 SqlConnection 对象创建 SqlCommand 对象。
  - 使用 SqlConnection 对象的 Open()方法打开数据库连接。
  - 调用 SqlCommand 对象的 ExecuteScalar()方法，返回单个值。
  - 操作完成后，使用 SqlConnection 对象的 Close()方法关闭数据库连接。
- 使用 SqlCommand 对象的 ExecuteReader()方法查询若干条记录，步骤如下。
  - 创建 SqlConnection 对象。
  - 创建 SQL 语句。
  - 使用 SQL 语句和 SqlConnection 对象创建 SqlCommand 对象。
  - 使用 SqlConnection 对象的 Open()方法打开数据库连接。
  - 调用 SqlCommand 对象的 ExecuteReader()方法，返回一个 SqlDataReader 对象。
  - 在循环中调用 SqlDataReader 对象的 Read()方法，逐条读取记录。如果读到记录则返回 true，否则返回 false。
  - 使用(type)SqlDataReader 对象[列名或索引号]的方法读取一行中的某一列的值。
  - 调用 SqlDataReader 对象的 Close()方法，关闭 SqlDataReader 对象。
  - 操作完成后，使用 SqlConnection 对象的 Close()方法关闭数据库连接。
- 使用 SqlCommand 对象的 ExecuteNonQuery()方法对数据库进行数据更新（添加、删除、修改）操作，步骤如下。
  - 创建 SqlConnection 对象。
  - 创建 SQL 语句。
  - 使用 SQL 语句和 SqlConnection 对象创建 SqlCommand 对象。
  - 使用 SqlConnection 对象的 Open()方法打开数据库连接。
  - 调用 SqlCommand 对象的 ExecuteNonQuery()方法，返回数据库中受到影响的记录行数。
  - 操作完成后，使用 SqlConnection 对象的 Close()方法关闭数据库连接。

项目 5

应用程序数据展示

在前面两个项目的学习中，我们初步了解和掌握了如何使用.NET Framework 数据提供程序对数据库进行访问和操作，包括连接数据库的 SqlConnection 对象，对数据库执行命令的 SqlCommand 对象及读取数据的 SqlDataReader 对象。通过这些对象，我们能够在窗体控件中显示数据，也能够在窗体中修改和编辑数据。

在项目 5 中，我们将介绍 ADO.NET 的一个重要部分，即数据集（DataSet 对象）和数据适配器（SqlDataAdapter 对象）。另外，我们还会介绍一个与之关系密切的数据显示控件，即数据网格视图（DataGridView 控件）。DataGridView 控件可以绑定数据库中的数据，并且提供了强大的视图显示功能。

工作任务

- 完成 ExamSystem 项目使用 DataSet 对象绑定年级列表数据功能。
- 完成 ExamSystem 项目使用 DataGridView 控件显示学生信息功能。
- 完成 ExamSystem 项目使用 DataGridView 控件保存学生信息修改功能。

技能目标

- 学会使用 DataSet 对象查询数据。
- 学会使用 SqlDataAdapter 对象绑定 DataSet 对象与数据库。
- 学会使用 DataGridView 控件来显示数据。

预习作业

- DataSet 对象在 ADO.NET 中的地位和作用是什么？
- SqlDataAdapter 对象的作用是什么，如何使用 SqlDataAdapter 对象？
- ComboBox 绑定数据源时需要设定哪些属性？
- DataGridView 控件如何绑定数据源？使用哪个属性进行数据绑定？

任务 5.1 “学生信息”窗体年级数据绑定

任务描述

利用 DataSet 对象从数据库中读取年级记录数据，并将读取到的年级记录数据显示在“学生信息”窗体界面中的“年级”下拉列表中。

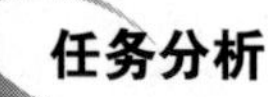

任务分析

前文我们通过 ExamManager 类对 DBHelper 类中的方法调用来完成本任务，当时我们利用 SqlCommand 对象的 ExecuteReader()方法实现，现在我们要利用 DataSet 对象来实现对数据的读取操作。

5.1.1 任务实现代码及说明

实现步骤如下。

（1）打开已经创建的 ExamSystem 项目，或者自行创建一个新的项目。

（2）创建“管理员主窗体”界面，如图 5-1 所示（添加 1 个 MenuScript 控件，1 个 ToolScript 控件）。

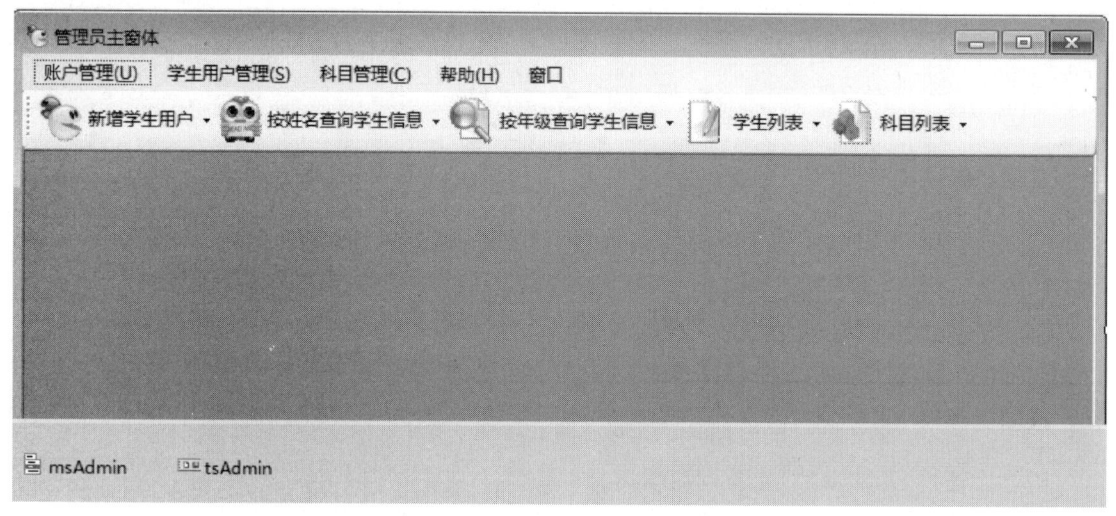

图 5-1 “管理员主窗体”界面

（3）为“新增学生用户”下拉按钮添加代码，打开“学生信息”窗体界面，如图 5-2 所示。“新增学生用户”下拉按钮单击事件代码如下：

```
private void tsmiNewStudent_Click(object sender, EventArgs e)
{
    //新建学生窗体对象（“学生信息”窗体）
    NewStudentFrm newStudent = new NewStudentFrm();
    newStudent.MdiParent = this;//指定学生窗体对象的父窗体是当前窗体
    newStudent.Show();
}
```

（4）右击 ExamSystem 项目，在出现的快捷菜单中添加类并命名为 DBHelper（如图 5-3 所示），在 DBHelper 类中添加公有方法 GetStudentGrade()用于获取学生年级。

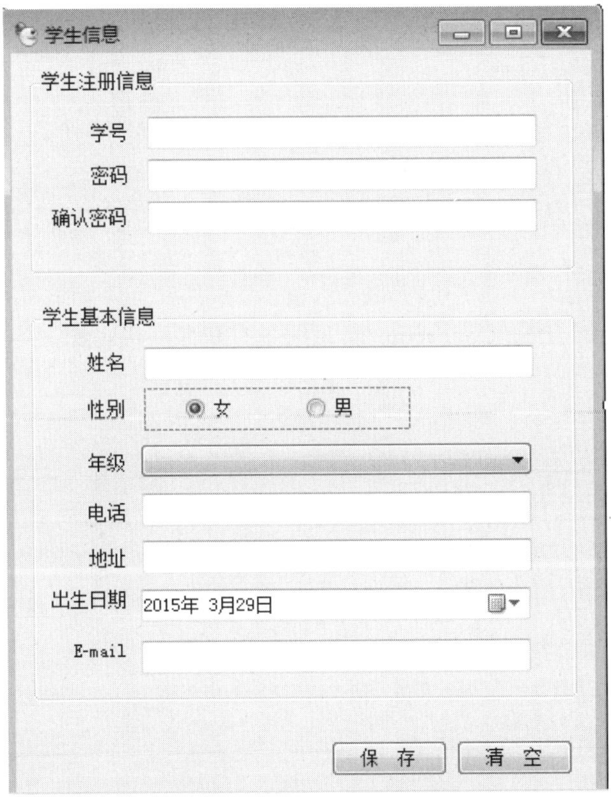

图 5-2 “学生信息”窗体界面

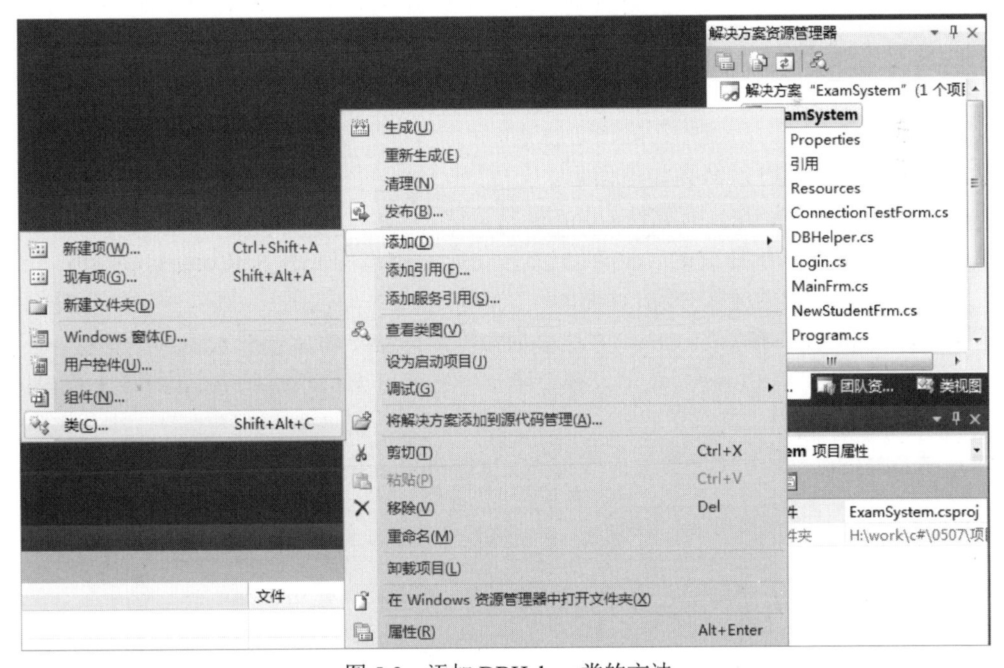

图 5-3 添加 DBHelper 类的方法

（5）全面改造 DBHelper 类，添加命名空间引用，代码如下：

```
using System.Data.SqlClient;
using System.Data;
```

（6）为 DBHelper 类添加私有字段（私有字段可以防止被其他类非法修改值），代码如下：

```
//连接字符串
private const string strConn = "Data Source=STAR-PC\\SQLEXPRESSS;Initial Catalog=ExamSystemDB;User ID=sa;Pwd=123456";

//数据库连接对象
private SqlConnection conn;
```

（7）添加 DBHelper 类 SqlConnection 对象的公有属性，代码如下：

```
#region 连接对象公有属性
/// <summary>
/// SqlConnection 对象
/// </summary>
#endregion
public SqlConnection Conn
{
    get
    {
        if (conn == null)
        {
            conn = new SqlConnection(strConn);
        }
        return conn;
    }
}
```

从上面的代码我们可以得到如下信息。

- DBHelper 类中的公有属性 Conn 是只读的。
- 如果 Conn 对象是空的（没有创建过），则它会调用 new SqlConnection(strConn)方法创建一个新的数据库连接对象。
- new SqlConnection(strConn)方法根据数据库连接字符串创建数据库的连接。
- 首字母大写的 Conn 对象可以保证不为空，而首字母小写的 conn 对象无法保证是否为空。

（8）在 DBHelper 类中添加数据库查询方法 GetStudentInfoByDataSet()，代码如下：

```
#region 根据 strSql 语句查询数据库
/// <summary>
///  将查询到的数据存储到 DataSet 对象中的 strTableName 表中
/// </summary>
/// <param name="strSql">查询数据库的命令</param>
/// <param name="strTableName">存入 DataSet 对象中的 strTableName 表中</param>
/// <returns>DataSet 对象</returns>
public DataSet GetStudentInfoByDataSet(string strSql, string strTableName)
{
```

```
    DataSet ds = new DataSet();
    SqlDataAdapter sda = new SqlDataAdapter(strSql, Conn);
    sda.Fill(ds, strTableName);
    return ds;
}
#endregion
```

为了增加程序的通用性，我们特意添加了两个参数变量：第一个参数变量是对数据库查询的命令语句，第二个参数变量是将查询到的数据存储到 DataSet 对象中数据表的名字。

（9）新增 ExamManager 类，并添加 GetStudentInfoByDataSet()方法，对 DBHelper 类中的 GetStudentInfoByDataSet()方法进行调用，获取数据库中的学生年级信息，代码如下：

```
public DataSet GetStudentInfoByDataSet(string strSql, string strTableName)
{
    return myDB.GetStudentInfoByDataSet(strSql,strTableName);
}
```

ExamManager 类中的 GetStudentInfoByDataSet()方法的两个参数变量的含义与 DBHelper 类中的 GetStudentInfoByDataSet()方法的两个参数变量的含义相同。

（10）为“学生信息”窗体界面中的 FormLoad()事件添加如下代码：

```
private void NewStudentFrm_Load(object sender, EventArgs e)
{
    ExamManager myExam = new ExamManager();
    string strSql = "SELECT * FROM Grade";
    string strTableName = "Grade";

    try
    {
        DataSet ds = myExam.GetStudentInfoByDataSet(strSql, strTableName);

        // 向年级表的第 1 行添加数据“全部”
        DataRow row = ds.Tables[strTableName].NewRow();
        row[0] = -1;
        row[1] = "全部";
        ds.Tables[strTableName].Rows.InsertAt(row, 0);

        // 绑定年级数据
        this.cboGrade.DataSource = ds.Tables["Grade"];
        this.cboGrade.ValueMember = "gradeNo";
        this.cboGrade.DisplayMember = "gradeName";
    }
    catch (Exception)
    {
        MessageBox.Show("数据库加载年级失败！");
    }
}
```

上面程序的运行结果如图 5-4 所示。

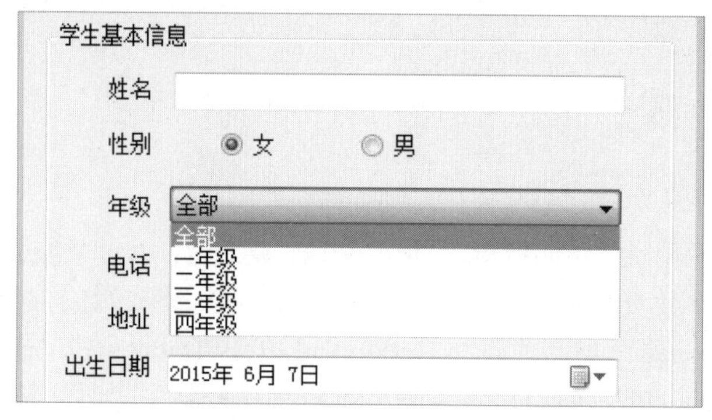

图 5-4　运行结果

小贴士

- 在使用 DataSet 对象时需要添加的命名空间语句是“using System.Data;”，这个命名空间在 DBHelper 类中默认是没有添加的，所以需要我们手动添加。
- GetStudentInfoByDataSet()方法是为了增加程序的通用性才添加了两个变量，如果只是为了查询年级记录信息，我们可以采用无参数方法 GetStudentGradeByDataSet()，代码如下：

```
#region 无参数查询学生年级信息
/// <summary>
///  只查询学生年级信息
/// </summary>
/// <returns>DataSet 对象</returns>
public DataSet GetStudentGradeByDataSet()
{
    DataSet ds = new DataSet();
    string strSql = "SELECT * FROM Grade";
    SqlDataAdapter sda = new SqlDataAdapter(strSql, Conn);
    sda.Fill(ds, "Grade");
    return ds;
}
#endregion
```

- 为了使 DBHelper 类更加健壮，我们可以添加打开数据库连接和关闭数据库连接的两个公有方法，代码如下：

```
#region 打开数据库连接的公有方法
/// <summary>
/// 打开数据库连接
/// </summary>
public void OpenConnection()
{
    if (Conn.State == ConnectionState.Closed)
    {
```

```
            Conn.Open();
        }
        else if (Conn.State == ConnectionState.Broken)
        {
            Conn.Close();
            Conn.Open();
        }
    }
    #endregion

    #region 关闭数据库连接的公有方法
    /// <summary>
    /// 关闭数据库连接
    /// </summary>
    public void CloseConnection()
    {
        if (Conn.State == ConnectionState.Open || Conn.State == ConnectionState.
Broken)
        {
            Conn.Close();
        }
    }
    #endregion
```

这两个方法可以尽可能保证我们在打开或关闭数据库连接时，即便忘记数据库处于何种状态（打开或关闭等）程序运行都不会出错。

5.1.2　DataSet 对象介绍

ADO.NET 的 SqlDataReader 对象可以从数据源中获取记录，但是 SqlDataReader 对象每次只能读取一条记录。如果想要查看 100 条数据，则要从数据库中读取 100 次，并且在这个过程中要一直保持和数据库的连接，而且是只读、只进的读取方式。这样会给程序再次获得读取过的数据带来麻烦，而 ADO.NET 提供的数据集对象可以更好地解决这个问题，如图 5-5 所示。

从图 5-5 中我们可以看出，其实应用程序要访问数据库，可以通过右边的数据集（DataSet）来实现。利用数据集，我们可以在与数据库断开连接的情况下操作数据，也可以操作来自多个相同或不同数据源中的数据。

数据集的作用是什么呢？我们以工厂仓库和车间仓库为例，假设工厂有一个仓库，用于存放生产用的原材料和加工好的产品。同时，工厂中有很多生产车间。假设每个车间每天都要生产 1000 件产品，如果每加工一件产品就从工厂仓库中提取一次原材料，并且每次加工好产品之后又放回仓库中。这样，仓库管理员时时刻刻忙于在各个车间及仓库之间搬运原材料和产品，一刻都不能休息，而且工作量巨大，出现差错的可能性也会非常大。但是如果我们在每个车间旁边建立一个临时仓库，每天早上先把生产用的原材料运输到临时仓库，同时将车间加工好的产品也先暂时放在临时仓库，到晚上下班时我们再把临时仓库中的产品一次性地运回仓库。这样做不仅省时，而且省力。

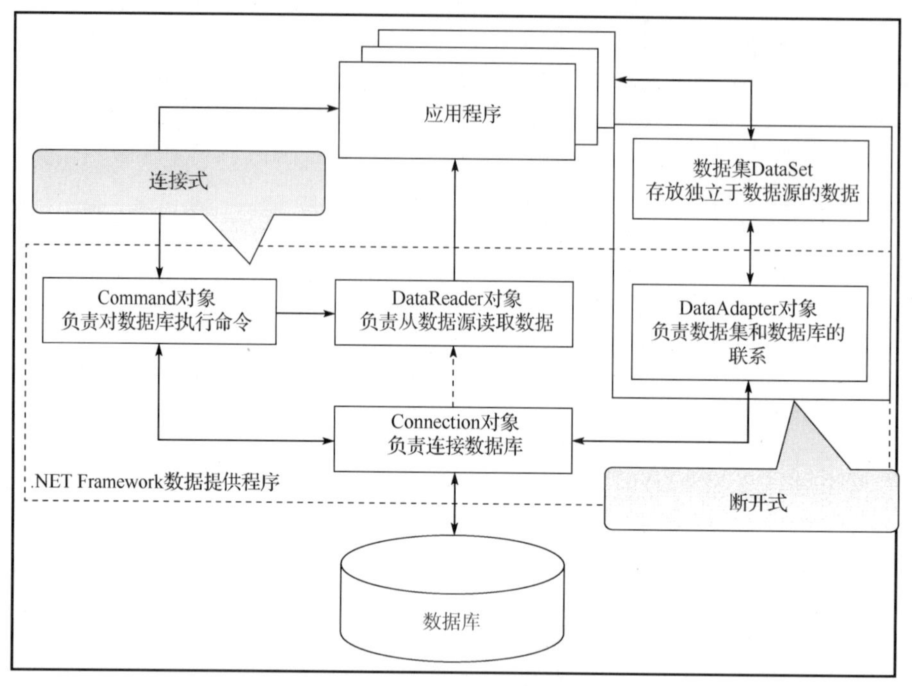

图 5-5　ADO.NET 访问数据库模型

数据集就相当于一个临时仓库。它把应用程序需要的数据临时保存在内存中，由于这些数据都缓存在本地计算机上，因此也不需要一直保持和数据库的连接。当应用程序需要数据时，可以直接从内存中的数据集中读取数据，也可以先对数据集中的数据进行修改，然后将修改后的数据一起提交给数据库。

数据集与数据库之间的关系类似于工厂仓库与车间临时仓库之间的关系，如图 5-6 所示。

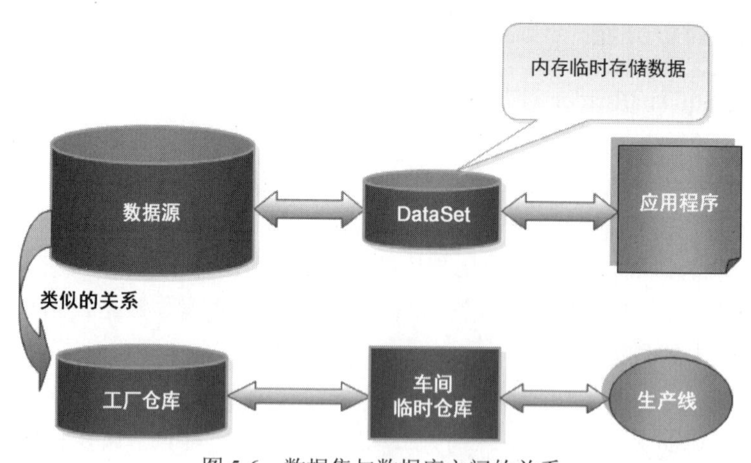

图 5-6　数据集与数据库之间的关系

数据集不能直接与数据库打交道，它与数据库之间的相互作用是通过.NET Framework 数据提供程序来完成的，所以数据集是独立于任何数据库的。

数据集的内部究竟是什么呢？其实我们可以把数据集当成一个数据库一样进行操作，其内部有很多的数据表集合（DataTableCollection），每个数据表都是一个 DataTable 对象。而每个数据表又是由数据列和数据行组成的，所有的列构成了数据列集合（DataColumnCollection），其中每个数据列都是一个 DataColumn 对象；所有的行构成了数据行集合（DataRowCollection），其中每个数据行都是一个 DataRow 对象。一个具体的数据集对象基本结构如图 5-7 所示。另外，在数据集中还可以定义表与表之间的链接、视图等。

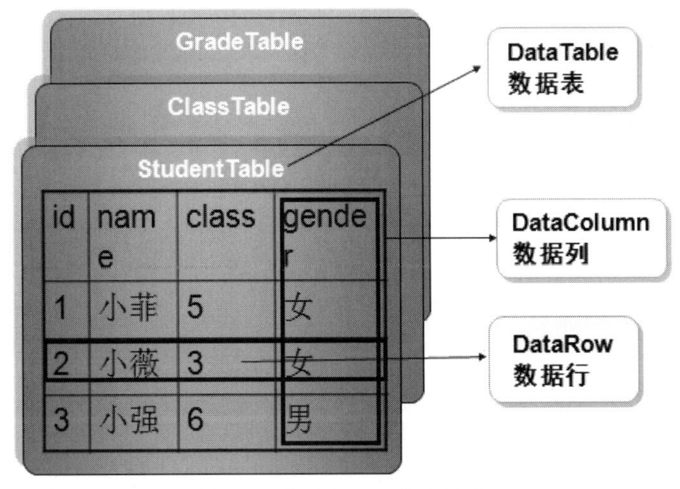

图 5-7　数据集对象基本结构

数据集的工作原理如图 5-8 所示。当应用程序需要数据时，先向数据库服务器发送请求，要求获取数据。服务器得到客户的请求后将数据发送到数据集，然后将数据集中的数据传递给客户端。客户端应用程序修改完数据集中的数据后，将修改过的数据集发送到服务器，服务器接收数据集修改过的数据并保存在数据库中。

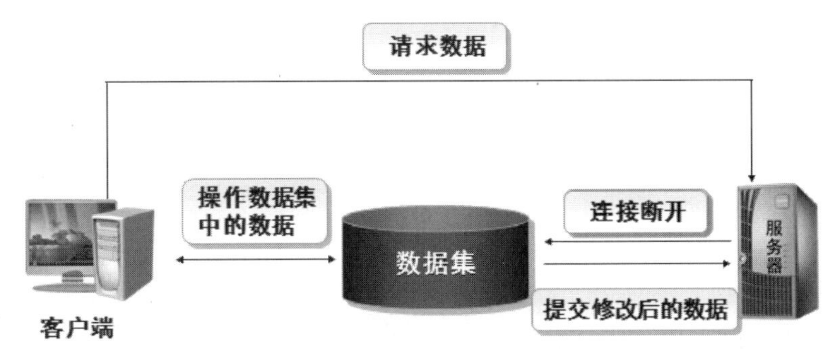

图 5-8　数据集的工作原理

5.1.3　创建和使用 SqlDataSet 对象

DataSet 对象位于 System.Data 命名空间中，创建 DataSet 对象的语法格式如下：

```
DataSet 对象 = new DataSet ("数据集名称字符串");
```

语法格式中的参数是数据集名称字符串，可以写，也可以省略。如果省略参数，则创建的数据集名称字符串就默认为 New DataSet。例如，在创建 DataSet 对象时，可以写成两种形式，比较常见的情况是省略参数。

```
DataSet ds = new DataSet();
DataSet ds = new DataSet("MyData");
```

DataSet 对象相当于内存中的数据库，我们对其操作就像对真实存在于硬盘中的数据库操作类似。假设我们要对存放在 DataSet 对象中的数据表 Grade 进行访问和操作，只需指明数据集中的数据表 Grade 即可。假设数据集是 ds，数据表为 Grade，我们访问数据集中数据表的代码如下：

```
ds.Tables["Grade"]
```

数据表名称放在中括号中的双引号中。

5.1.4　SqlDataAdapter 对象

如果我们把数据库与数据集看成工厂仓库与临时仓库的关系，则数据适配器（DataAdapter 对象）就是在仓库之间负责运送货物的货车。毕竟只有工厂仓库与临时仓库是不够的，货物无法被自动转移，必须要有一辆运送货物的货车才行，DataAdapter 对象就起到了这个作用，它负责数据库与数据集之间的数据传递，其作用如图 5-9 所示。

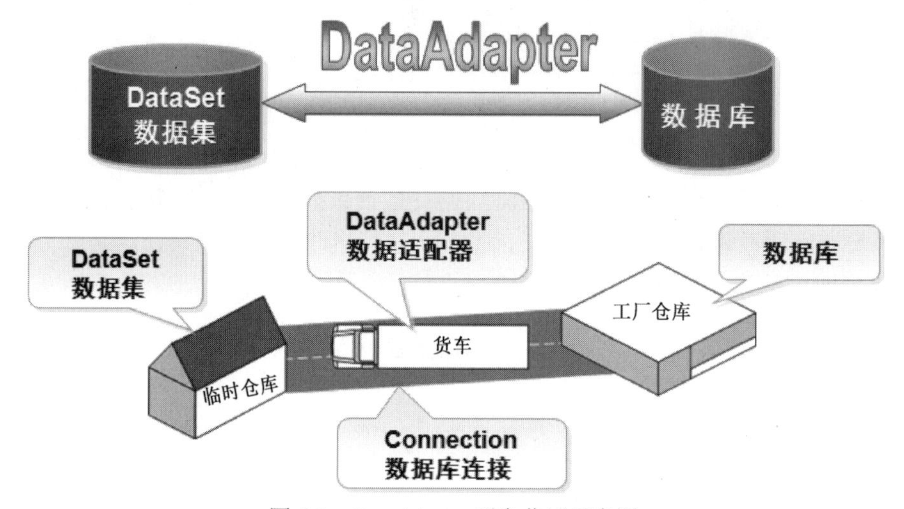

图 5-9　DataAdapter 对象作用示意图

而 SqlDataAdapter 数据适配器是数据适配器中的一种，其属于.NET Framework 数据提供程序。所以不同类型的数据库需要使用不同类型的数据适配器，相应命名空间中的数据适配器对象如表 5-1 所示。

表 5-1　相应命名空间中的数据适配器对象

.NET Framework 数据提供程序	数据适配器类	命名空间
SQL 数据提供程序	SqlDataAdapter	System.Data.SqlClient
Oracle 数据提供程序	OracleDataAdapter	System.Data.OracleClient
OLE DB 数据提供程序	OleDbDataAdapter	System.Data.OleDb
ODBC 数据提供程序	OdbcDataAdapter	System.Data.Odbc

数据适配器通过 SqlCommand 对象从数据库中读取数据，可以在创建 SqlDataAdapter 对象时通过设置 SqlDataAdapter 对象的 Fill()方法实现将数据库中的数据填充到数据集中的表中。如果要把 DataSet 中修改过的数据保存到数据库，则需要使用 SqlDataAdapter 对象的 Update()方法来实现。SqlDataAdapter 对象的主要属性和方法如表 5-2 和表 5-3 所示。

表 5-2 SqlDataAdapter 对象的主要属性

属　性	说　明
SelectCommand	设置从数据库检索数据的 Command 对象

表 5-3 SqlDataAdapter 对象的主要方法

方　法	说　明
Fill()	填充数据到 DataSet 对象中的数据表
Update()	将 DataSet 对象中的数据提交到数据库中

5.1.5 创建和使用 SqlDataAdapter 对象

使用 SqlDataAdapter 对象填充数据集需要以下 4 个步骤。

- 创建数据库连接对象。
- 创建数据库中的 SQL 语句。
- 利用创建的 SQL 语句和 SqlConnection 对象创建 SqlDataAdapter 对象，语法格式如下：

```
SqlDataAdapter 对象名 = new SqlDataAdapter(查询用的 SQL 语句, 数据库连接对象);
```

或

```
SqlDataAdapter sda = new SqlDataAdapter();
SqlCommand command = new SqlCommand(查询用的 SQL 语句, 数据库连接对象);
sda.SelectCommand = command;
```

- 调用 SqlDataAdapter 对象的 Fill()方法填充数据集，语法格式如下：

```
DataAdapter 对象. Fill(数据集对象,"数据表名称字符串")
```

需要注意的是，在使用 Fill()方法填充数据集时，如果数据集中原来没有这个数据表，则调用 Fill()方法会创建一个新的数据表；如果数据集中原来有这个数据表，则会把现在查找出来的数据继续添加到原来存在的数据表中。

5.1.6 ComboBox 控件数据绑定

在项目 4 中，虽然也从数据库中获取了年级记录，但是我们是通过 ComboBox 控件的 Items.Add()方法来添加的数据项。现在我们将讲解如何将 DataSet 对象中的数据表的数据绑定到 ComboBox 控件上。

组合框（ComboBox 控件）的主要属性如表 5-4 所示。

表 5-4 ComboBox 控件的主要属性

属　性	说　明
DataSource	获取或设置数据源
DisplayMember	获取或设置 ListControl 在数据项中的显示内容的属性
ValueMember	获取或设置 ListControl 在数据项中的实际值的属性

其实，不仅在 ComboBox 控件上有 ValueMember 属性和 DisplayMember 属性，而且在

ListBox等控件上也有类似的两个属性。这两个属性的含义是，DisplayMember属性是显示出来给用户看的（类似于控件的Text属性）；ValueMember属性则对用户是不可见的，但是对程序是可见的（类似于控件的Name属性）。

通常，DisplayMember属性和ValueMember属性是配对使用的。DisplayMember属性用于绑定显示的数据，如年级名称；而ValueMember属性用于绑定处理程序的标识，如年级编号。在访问数据库的应用程序中，一般将数据表的主键定义为ValueMember属性的值，利用主键可以在数据表中快速、准确地查找到相关的记录。

在本任务中，实现ComboBox控件数据绑定的代码如下：

```
this.cboGrade.DataSource = ds.Tables["Grade"];
this.cboGrade.ValueMember = "gradeNo";
this.cboGrade.DisplayMember = "gradeName";
```

设置cboGrade控件的DataSource属性，指定其数据源为数据集（ds）中名为Grade的数据表，将Grade数据表（年级表）中的主键gradeNo作为ValueMember属性的值，gradeName作为DisplayMember属性的值。

在进行上述设置之后，我们在ComboBox控件中添加了Grade数据表中所有年级的记录。如果我们需要在最前面添加“全部”选项，则必须输入数据进行添加，代码如下：

```
// 向年级表的第1行添加数据
 DataRow row = ds.Tables[strTableName].NewRow();
 row[0] = -1;
 row[1] = "全部";
ds.Tables[strTableName].Rows.InsertAt(row, 0);
```

小贴士

程序员既可以使用字段名称访问数据行中的各列，又可以使用索引下标访问数据行中的各列。例如：

```
row[0] = -1;
```

或

```
row[gradeNo]=-1;
```

在通常情况下，建议程序员使用字段名称指定列，这样可以提高代码的可读性。

5.1.7 常见错误与问题

1. 绑定数据时写错数据表中数据列的名称

我们在访问正常数据库时可以指定数据库名、表名、字段名进行数据访问，因此我们对DataSet对象中的数据列数据绑定时也必须给出正确的名称，否则无法从中找到想要的数据。例如，将上述绑定代码改写后将无法正确显示年级信息，代码改写如下：

```
this.cboGrade.DataSource = ds.Tables["Grade"];
this.cboGrade.ValueMember = "gradeID";
this.cboGrade.DisplayMember = "Name";
```

2．DataSet 对象使用注意事项

我们使用 DataSet 对象对数据库操作是采用断开式访问的，但并不是说不需要数据库连接对象，只是在对数据库中的数据进行读取或写入操作时才连接数据库，操作完成后自动关闭数据库连接，不需要程序员显式使用数据连接打开关闭命令而已。因此，数据库的连接对象，即 Command 对象等也必须按照要求正确书写，否则一样会出现无法访问数据库的异常。

5.1.8 上机实训

【上机练习 1】

绑定查看“学生信息”窗体中“学生姓名”组合框。

- 需求说明。
  - ➢ 创建 ExamSystem 项目。
  - ➢ 创建“学生信息”窗体。
  - ➢ 在“学生信息”窗体中添加“学生姓名”组合框。
  - ➢ 将“学生姓名”组合框绑定数据库 Student 表中的数据。
- 实现思路。
  - ➢ 对“学生姓名”组合框的 DisplayMember 和 ValueMember 属性进行设置。
  - ➢ “学生信息”窗体界面如图 5-10 所示。

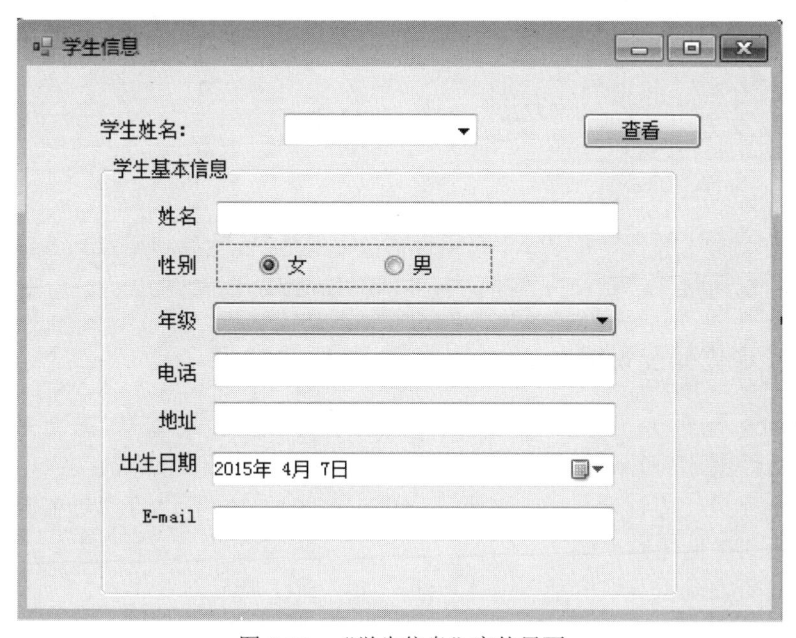

图 5-10 “学生信息”窗体界面

【上机练习 2】

查看“学生信息”窗体中的学生信息。

- 需求说明。
  - ➢ 选择某个学生的姓名，单击“查看”按钮可以查看该学生信息。
- 实现思路及关键代码。
  - ➢ 学生性别的转化显示（可以使用 if 语句进行判断）。

【上机练习 3】

实现地址级联显示。

- 需求说明。
  - ➢ 创建一个用户填写“地址”的窗体。
  - ➢ 将“地址”设置为××省××市××区三个组合框及文本框形式。
- 实现思路。
  - ➢ 在数据库中保存××省××市××区字段数据。
  - ➢ 将用户地址数据保存到数据库中。

任务自测表（请在下面记录表中记录自己的学习情况，看看自己掌握的程度）

任务 5.1	看懂本任务的代码	上机练习 1	上机练习 2	上机练习 3

任务 5.2　使用 DataGridView 控件显示学生信息

任务描述

在 ExamSystem 项目中单击“按年级查询学生信息”下拉按钮，打开“查询显示学生信息”窗体界面，在选择学生所在年级后，单击“查看”按钮，将所选年级的学生信息显示在 DataGridView 控件中。

任务分析

首先利用前面的任务 5.1 来完成年级组合框数据的显示，然后利用 DataSet 对象进行数据的查询，最后将查询到符合要求的数据显示在 DataGridView 控件中。

5.2.1　任务实现代码及说明

实现步骤如下。

（1）打开已经创建的 ExamSystem 项目，或者自行创建一个新的项目。

（2）修改和完成使用管理员用户名及密码登录系统后，打开“管理员主窗体”界面，如前面图 5-1 所示（参见任务 5.1）。

（3）创建“查询显示学生信息”窗体界面，如图 5-11 所示。

（4）设置 DataGridView 控件的属性和各列的属性，本任务只选取学号、姓名、性别、住址 4 个字段。在 DataGridView 控件的 Columns 编辑器中设置各列的属性，如图 5-12 所示。

需要注意的是，每一列的 DataPropertyName 属性都必须设置为 Student 表中相对应的字段名，如学号对应 StudentID，姓名对应 StudentName。

DataGridView 控件默认每列的类型为 DataGridViewTextBoxColumn，通过设置列的 ColumnType 属性可以修改列的类型。例如，我们可以把性别列设置为下拉列表类型，即将 ColumnType 属性设置为 DataGridViewComboBoxColumn，并添加 Items 的项为“男”“女”“不详”共 3 个可选项。

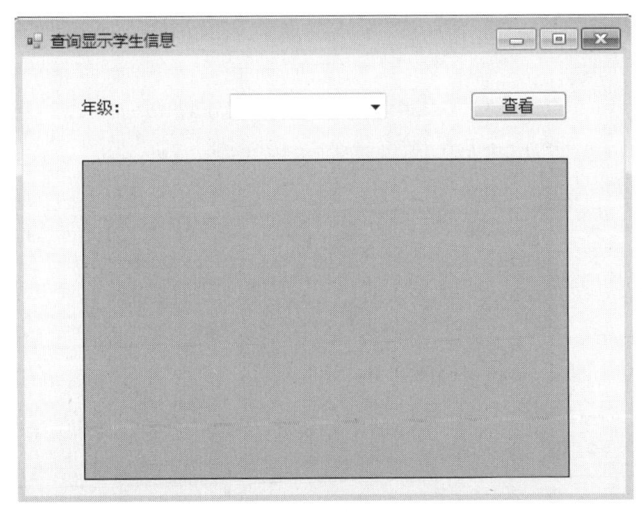

图 5-11　“查询显示学生信息”窗体界面

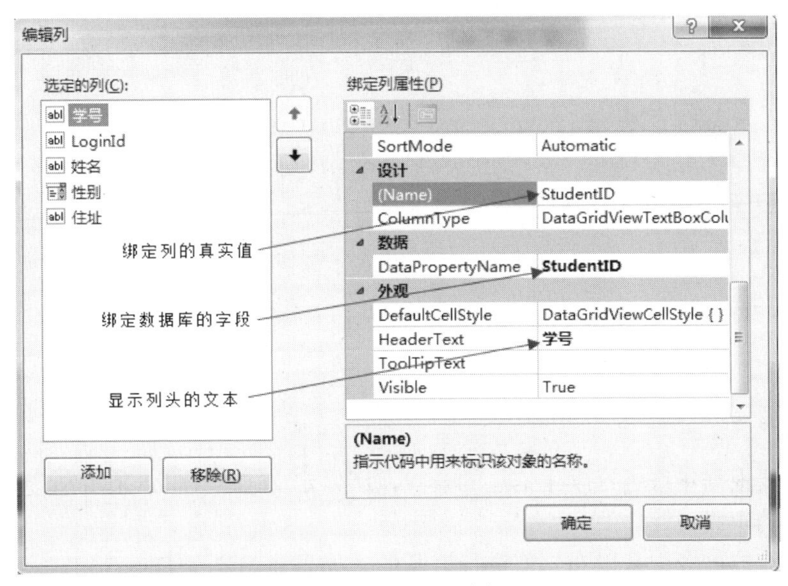

图 5-12　Columns 编辑器

（5）在“按年级查询学生信息”下拉按钮事件中添加打开“查询显示学生信息”窗体的代码，代码如下：

```
private void 按年级查询GToolStripMenuItem_Click(object sender, EventArgs e)
    {
        ShowStuInfoForm newStudent = new ShowStuInfoForm();
        newStudent.MdiParent = this;
        newStudent.Show();
    }
```

此部分代码将打开一个 MDI 子窗体，并指定当前窗体为 MDI 父窗体。

（6）在 DBHelper 类中添加 SearchStudent()方法，代码如下：

```
#region 查找学生
/// <summary>
```

```
    /// 按照用户选择的年级查询学生信息
    /// </summary>
    /// <returns>true：查找成功；false：查找失败</returns>
    public DataSet SearchStudent(int intGradeNo)
    {
        // 查询年级的 SQL 语句
        StringBuilder sql = new StringBuilder("SELECT [StudentID],[StudentName],");
        sql.Append("case when sex ='1' then '男'when sex ='0' then '女' else  '不
详' end as sex,");
        sql.Append("[Address] FROM [Student]");

        if (intGradeNo != -1)
        {
            sql.AppendFormat(" WHERE [gradeNo]={0}", intGradeNo);
        }
        sql.Append(" ORDER BY [StudentID]");

        SqlDataAdapter adapterStudent = new SqlDataAdapter();
        SqlCommand command = new SqlCommand(sql.ToString(), Conn);
        adapterStudent.SelectCommand = command;

        DataSet ds = new DataSet();
        adapterStudent.Fill(ds, "Student");
        return ds;
    }
    #endregion
```

因为我们要根据年级进行学生信息的查找，所以定义了一个 intGradeNo 整型变量参数用来传递要查询的年级。

因为性别在数据表中是以布尔值进行表示的，如果我们要在 DataGridView 控件中显示为“男”“女”“不详”，则可以通过修改 SQL 语句来实现，因此程序中出现了如下语句：

```
    sql.Append("case when sex ='1' then '男'when sex ='0' then '女' else  '不详' end
as sex,");
```

字符串的构建比较简单，本书不再进行详细介绍，有兴趣的读者可以自行查找资料学习。

（7）在 ExamManager 类中添加 SearchStudent()方法，代码如下：

```
    public DataSet SearchStudent(int intGradeNo)
    {
        return myDB.SearchStudent(intGradeNo);
    }
```

（8）为“查询显示学生信息”窗体中的 FormLoad 事件添加代码，绑定“年级”下拉列表中的数据，参考任务 5.1 中的代码。

（9）“查询显示学生信息”窗体中的“查看”按钮单击事件代码如下：

```
    private void btnShow_Click(object sender, EventArgs e)
    {
        ExamManager myExam = new ExamManager();
        DataSet ds = myExam.SearchStudent(Convert.ToInt32(cboGrade.
SelectedValue));

        //绑定数据源
        this.dgvStuName.DataSource = ds.Tables["Student"];
    }
```

cboGrade.SelectedValue 的数据类型为 object，因此在传递参数时要将其转换为 int 类型。

（10）运行程序，单击“查看”按钮，显示结果如图 5-13 所示。

查询显示学生信息

年级： 全部 查看

学号	姓名	性别	住址
1001	张三	男	珠海
1002	李四	男	广州
1003	王五	女	苏州
1004	赵六	女	深圳
1005	李强	不详	上海

图 5-13　查看全部学生信息

（11）在“年级”下拉列表中选择“一年级”选项，单击“查看”按钮，显示结果如图 5-14 所示。

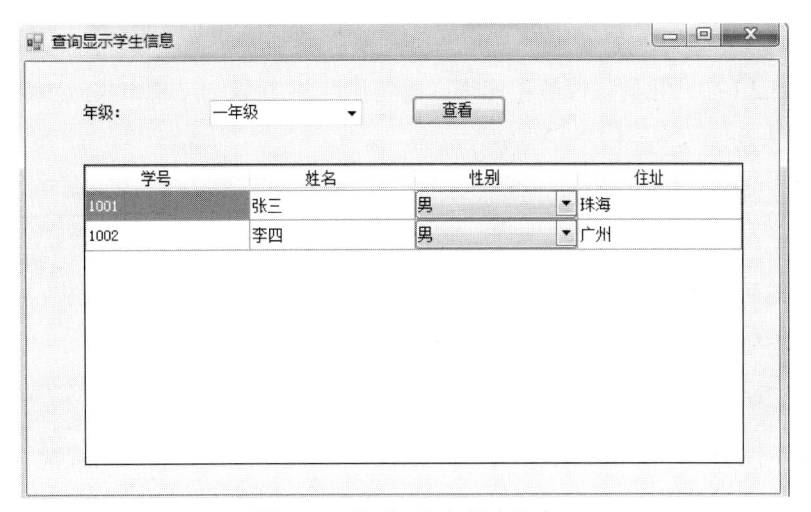

图 5-14　查看一年级学生信息

5.2.2 DataGridView 控件介绍

数据网格视图（DataGridView 控件）是 Windows 控件中一个很重要、很强大的控件。想要 DataGridView 控件显示某个数据表中的数据，只需要设置它的 DataSource 属性即可。也就是说，只需要一行代码就可以实现，可以说 DataGridView 控件是为数据库量身定制的显示控件。

DataGridView 控件的主要属性如表 5-5 所示。

表 5-5 DataGridView 控件的主要属性

属　性	说　明
AutoGenerateColumns	设置 DataGridView 是否自动创建列
Columns	包含的列的集合
DataSource	DataGridView 的数据源
ReadOnly	是否可以编辑单元格

通过 Columns 属性，我们还可以设置 DataGridView 控件中每一列的属性，包括列的类型、样式、列标题文本、是否只读、是否冻结、对应数据表中的哪一列等，各列的主要属性如表 5-6 所示。

表 5-6 DataGridView 控件各列的主要属性

属　性	说　明
ColumnType	列的类型
DataPropertyName	绑定数据列的名称
HeaderText	列标题文本
Visible	指定列是否可见
Frozen	当指定水平滚动 DataGridView 控件时，列是否移动
ReadOnly	指定单元格是否为只读

5.2.3 常见错误与问题

DataGridView 控件会按照绑定的数据源自动生成列。

例如，在 5.2.1 中，我们修改数据库查询语句，将 SQL 查询字符串修改为如下代码，再次运行程序，程序运行结果如图 5-15 所示。

```
StringBuilder sql = new StringBuilder("SELECT * FROM [Student]");
```

这时发现，DataGridView 控件会自动生成多余的列，列头为数据表的字段名。那么我们如何才能避免这种现象呢？我们只需把 DataGridView 控件的 AutoGenerateColumns 属性设置为 false 即可，或者在 DataGridView 控件数据绑定前添加如下代码：

```
dgvStuName.AutoGenerateColumns = false;
```

当然，由于性别字段是布尔类型，因此只是单纯如此修改还是会有错误提示的。如果想要避免出现错误，则请参照 5.2.1\步骤 6 中的 SQL 语句进行编写。

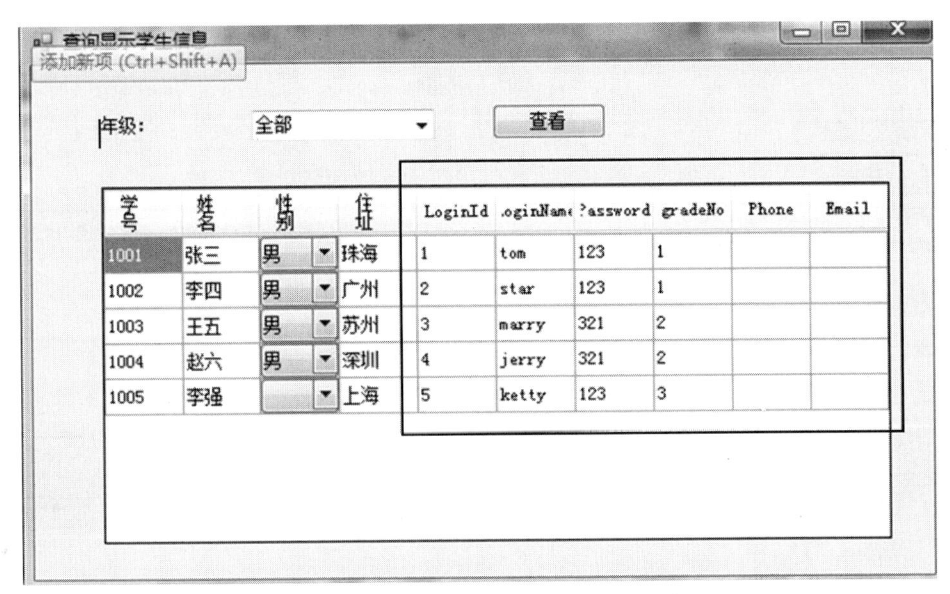

图 5-15　DataGridView 控件自动生成列

5.2.4　上机实训

【上机练习 4】

按年级查询科目信息。

- 需求说明。
  - ➢ 创建“按年级查询科目信息”窗体。
  - ➢ 默认显示所有年级科目信息。
  - ➢ 选择年级后，显示该年级科目信息。

输出效果参考图 5-14。

- 实现思路。
  - ➢ 通过 DataGridView 控件的 Columns 属性设置数据表中对应的字段。
  - ➢ 通过 DataSource 属性绑定数据库中的 subject 表。
  - ➢ 省略程序代码。

【上机练习 5】

显示学生详细信息。

- 需求说明。
  - ➢ 在“查询显示学生信息”窗体中，选择一个学生。
  - ➢ 通过快捷菜单打开“详细信息”窗体。
  - ➢ 在“详细信息”窗体中显示该学生的详细信息。
- 实现思路及关键代码。
  - ➢ 添加上下文相关菜单控件并修改其 Name 属性为 cmsStudentDetails，该控件在菜单和工具栏选项卡中，如图 5-16 所示。
  - ➢ 设置 DataGridView 控件的 ContextMenuStrip 属性为 cmsStudentDetails，如图 5-17 所示。一定要设置此属性，否则右击 DataGridView 控件时无法弹出快捷菜单。

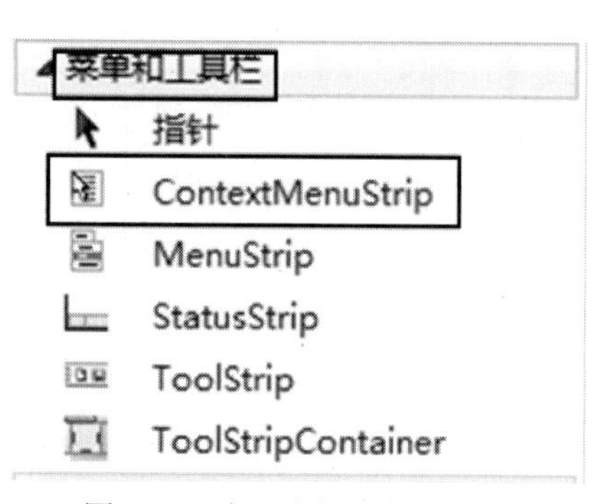

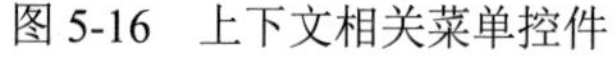

图 5-16　上下文相关菜单控件

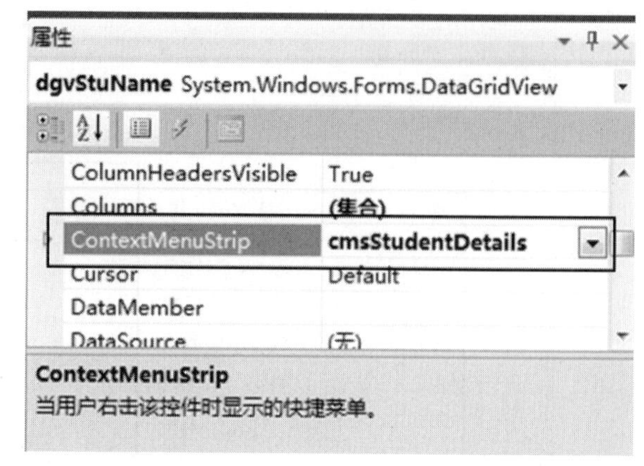

图 5-17　设置 DataGridView 控件的 ContextMenuStrip 属性

➢ 创建“详细信息”窗体，并添加代码增加一个 studentID 公有字段，用于传递学生的学号，代码如下：

```
public int studentID;//学号
```

➢ 为上下文相关菜单添加“详细信息”选项，双击“详细信息”选项并添加事件代码，代码如下：

```
private void 详细信息ToolStripMenuItem_Click(object sender, EventArgs e)
{
    StudentDetailsForm myForm=new StudentDetailsForm();
    myForm.studentID = Convert.ToInt32(dgvStuName.SelectedCells[0]. Value);
    myForm.Show();
}
```

➢ 修改 DataGridView 控件的 SelectionMode 属性为 FullRowSelect，表示行选中。上面程序的运行结果如图 5-18 所示。

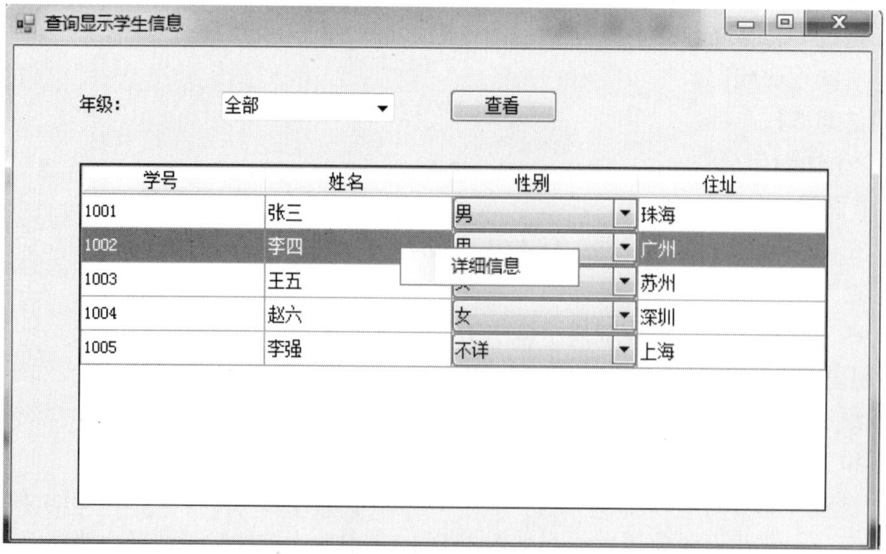

图 5-18　运行结果

➢ 将学生的学号传递到“详细信息”窗体，并打开“详细信息”窗体。
➢ 检索并显示该学生的所有字段信息（显示界面自行设计，省略代码）

【上机练习 6】

显示学生详细信息。

- 需求说明。
  ➢ 修改上机练习 5 的窗体显示，在 DataGridView 控件中为每行显示数据添加一个“详细”按钮。
  ➢ 单击“详细”按钮弹出“学生详细信息”窗体，并显示学生详细信息。
- 实现思路。
  ➢ 在 DataGridView 控件中添加按钮类型数据列。
  ➢ 利用 SelectedCells[0].Value 获取学生主键。

任务自测表（请在下面记录表中记录自己的学习情况，看看自己掌握的程度）

任务 5.2	看懂本任务的代码	上机练习 4	上机练习 5	上机练习 6

任务 5.3　ExamSystem 项目保存修改数据

任务描述

在任务 5.2 中我们已经实现了使用 DataGridView 控件显示数据，本任务主要实现将 DataGridView 控件中修改过的数据保存到数据库。

任务分析

DataGridView 控件是可编辑的，我们可以将编辑后的数据通过 DataAdapter 对象的 Update()方法实现数据的更新。

5.3.1　任务实现代码及说明

实现步骤如下。

（1）在任务 5.2 的基础上继续操作，在“查询显示学生信息”窗体中添加“保存”按钮。

（2）修改 DBHelper 类，将原来放在方法中的 DataSet 对象及 SqlDataAdapter 对象放在方法外面声明，代码如下：

```
SqlDataAdapter adapterStudent = new SqlDataAdapter();
DataSet ds = new DataSet();
```

（3）修改 DBHelper 类中的 SearchStudent()方法，代码如下：

```
public DataSet SearchStudent(int intGradeNo)
{
    // 查询年级的 SQL 语句
```

```
        StringBuilder sql = new StringBuilder("SELECT [LoginId],[StudentID],
[StudentName],");
        sql.Append("case when sex ='1' then '男'when sex ='0' then '女' else '不
详' end as sex,");
        sql.Append("[Address] FROM [Student]");
        //StringBuilder sql = new StringBuilder("SELECT * FROM [Student]");
        if (intGradeNo != -1)
        {
            sql.AppendFormat(" WHERE [gradeNo]={0}", intGradeNo);
        }
        sql.Append(" ORDER BY [StudentID]");

        SqlCommand command = new SqlCommand(sql.ToString(), Conn);
        adapterStudent.SelectCommand = command;

        if (ds.Tables["Student"] != null)
        {
            ds.Tables["Student"].Clear();
        }
        adapterStudent.Fill(ds, "Student");

        return ds;
    }
```

上面代码加粗处理的原因如下。

- SQL 查询语句增加字段[LoginId]是因为更新修改 SqlDataAdapter 对象必须要有主键字段。
- if 语句的判断是防止每次没有清空 DataSet 对象的数据又进行新增数据，保证每次放入 DataSet 对象的数据都是当前执行 SQL 语句查询到的数据。

（4）在 DBHelper 类中添加修改保存数据的方法，代码如下：

```
public void UpdateStu()
{
    // 使用SqlCommandBuilder对象构建添加、删除、修改的Command命令
    SqlCommandBuilder builder = new SqlCommandBuilder(adapterStudent);
    // 更新数据
    adapterStudent.Update(ds, "Student");
}
```

（5）在 ExamManager 类中添加 UpdateStu()方法，代码如下：

```
public void UpdateStu()
{
    myDBHelper.UpdateStu();
}
```

（6）为“查询显示学生信息”窗体中的“保存”按钮添加单击事件，代码如下：

```
private void btnSave_Click(object sender, EventArgs e)
{
    // 确定是否修改
    DialogResult choice = MessageBox.Show("确定要修改吗? ", CAPTION, MessageBoxButtons.
YesNo, MessageBoxIcon.Question);
    if (choice == DialogResult.Yes)
    {
        myExam.UpdateStu();
    }
}
```

（7）在方法外添加常量声明语句，代码如下：

```
public const string CAPTION = "操作提示";
```

（8）上面程序的运行结果如图 5-19 所示。

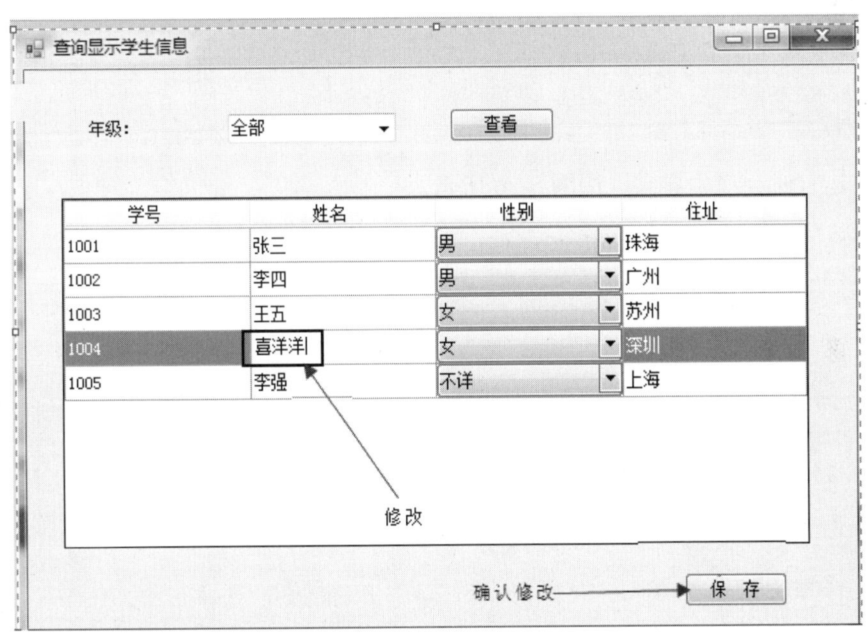

图 5-19　保存修改数据

5.3.2　保存数据集的修改

.NET 提供了一个 SqlCommandBuilder 对象，使用它可以自动生成需要的 SQL 命令。把数据集中更新后的数据保存到数据库，需要执行下面两个步骤。

- 使用 SqlCommandBuilder 对象生成更新用的相关 SQL 命令。

语法格式如下：

```
SqlCommandBuilder builder = new SqlCommandBuilder(已创建的 DataAdapter 对象);
```

- 调用 DataAdapter 对象的 Update()方法。

语法格式如下：

```
DataAdapter对象.Update(数据集对象,"数据表名称字符串")
```

Update()方法有两个参数：一个是需要更新数据的数据集，另一个是要更新的表的名称。例如，在 5.3.1 节中更新数据的代码如下：

```
SqlCommandBuilder builder = new SqlCommandBuilder(adapterStudent);
adapterStudent.Update(ds, "Student");
```

5.3.3 常见错误与问题

1. 直接调用 Update()方法

在调用 DataAdapter 对象的 Update()方法前，如果没有生成用于更新的 SQL 命令，程序将会在运行时出现异常。

假如我们在 DBHelper 类的 UpdateStu()方法中只保留 Update()方法，则代码如下：

```
public void UpdateStu()
{
    // 更新数据
    adapterStudent.Update(ds, "Student");
}
```

程序在运行时会产生异常，如图 5-20 所示。

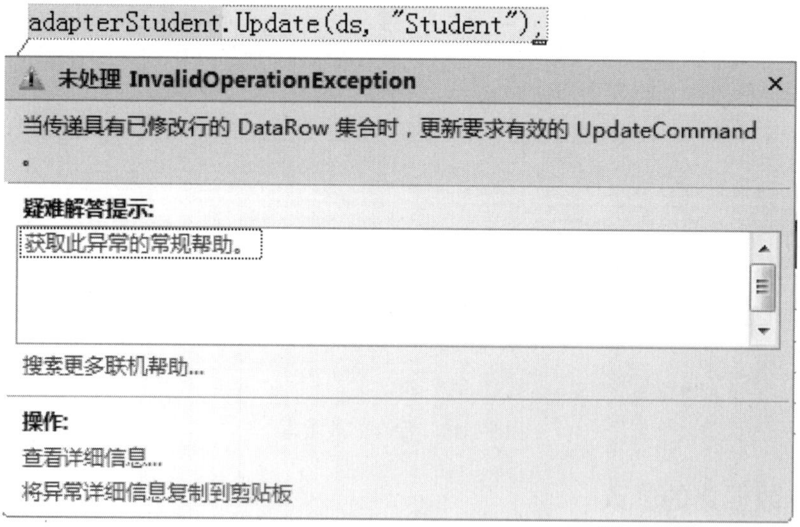

图 5-20 程序在运行时会产生异常

2. 数据库 SQL 语句查询字段未包含表的主键

检索数据未包含表的主键会导致异常出现，如将 5.3.1 节中的 SQL 语句改写为：

```
StringBuilder sql = new StringBuilder("SELECT [StudentID],[StudentName],");
```

如果忘记编写[LoginId]字段，则运行程序会产生异常，如图 5-21 所示。

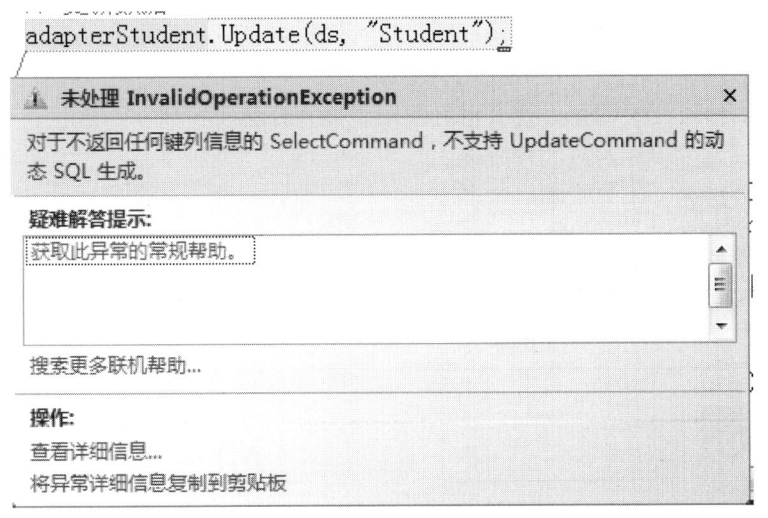

图 5-21　忘记编写[LoginId]字段运行程序产生的异常

5.3.4　上机实训

【上机练习 7】

保存修改后的学生信息。

- 需求说明。
  - ➢ 创建“按年级查询学生信息”窗体。
  - ➢ 实现按年级查询学生信息功能。
  - ➢ 单击“保存”按钮，弹出确认操作的消息框。
  - ➢ 确认后，将修改后的数据更新到数据库中。
- 实现思路。
  - ➢ 在调用 DataAdapter 对象的 Update()方法前，要先创建 SqlCommandBuilder 对象。
  - ➢ 正确设置 DataGridView 控件的 Columns 属性。
  - ➢ 如果使用 DataSet 对象更新数据，则数据表一定要包含主键字段。

【上机练习 8】

实现程序日志功能。

- 需求说明。
  - ➢ 记录对 ExamSystem 系统操作的记录。
  - ➢ 可以按照时间进行日志查询。
- 实现思路。
  - ➢ 只需实现记录对数据库操作的信息即可（例如，添加学生信息、查找学生信息等均可作为日志记录）。
  - ➢ 在数据库中建立对应的日志表，参考主要字段、主键、时间、操作内容、操作对象（主要窗体）、操作人等。

【上机练习 9】

实现系统权限登录显示功能。

- 需求说明。
  - ➢ 不同权限的用户登录系统后显示不同权限的内容。

  - 可以在登录的同时选定登录权限，也可以根据登录用户后台决定用户权限。
- 实现思路。
  - 实现窗体级权限即可，拥有哪种权限就能打开哪种窗体。
  - 在数据库中建立对应的权限表。
  - 根据权限表决定显示哪些窗体。

任务自测表（请在下面记录表中记录自己的学习情况，看看自己掌握的程度）

任务 5.3	看懂本任务的代码	上机练习 7	上机练习 8	上机练习 9

归纳与总结

- 数据集（DataSet 对象）可以在断开数据库连接的情况下操作数据，并对数据进行批量操作，它的结构与 SQL Server 数据库类似。
- 使用 SqlDataAdapter 对象的 Fill()方法填充 DataSet 对象，使用 Update()方法更新 DataSet 对象中修改过的数据并返回给数据库。
- 用 ComboBox 控件绑定数据并显示数据信息。
- 用 DataGridView 控件显示数据。

项目 6

文 件 操 作

在使用计算机时，会遇到各种各样的文件，如文本文件、图片文件、音频文件等。在项目 6 中我们将学习文件的基本操作，同时还会开发一个小型资源管理器。

工作任务

- 完成 ExamSystem 系统管理员日志功能。
- 小型资源管理器的实现。

技能目标

- 文件读/写操作。
- 使用文件流。
- 文件读写器。
- 解决乱码问题。
- 文件和目录操作。

预习作业

- Windows 系统中有哪些文件?
- 文件操作是指哪些操作?
- 为什么要对文件进行读/写操作?

任务 6.1　ExamSystem 系统管理员日志功能

任务描述

在 ExamSystem 系统“管理员主窗体”界面的主菜单中添加“管理员日志”菜单项，打开“AdminDiaryFrm”窗体，我们在该窗体可以写入或读取日志的内容。

任务分析

如果我们想保存一些信息，但又不想将这些信息写入数据库，文件可以很方便地帮助我们解决这个问题。

为了完成本任务，我们需要创建一个“AdminDiaryFrm”窗体，然后在该窗体中实现文件的写入与读取操作。

6.1.1 任务实现代码及说明

实现步骤如下。

（1）打开之前创建的 ExamSystem 系统，出现“管理员主窗体”，在 MenuStrip 控件中添加菜单项“管理员日志”，如图 6-1 所示。

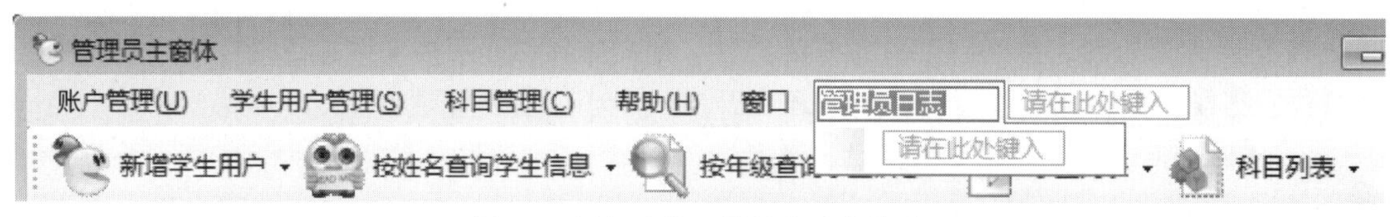

图 6-1 添加“管理员日志”菜单项

（2）创建“AdminDiaryFrm”（管理员日志）窗体，如图 6-2 所示。

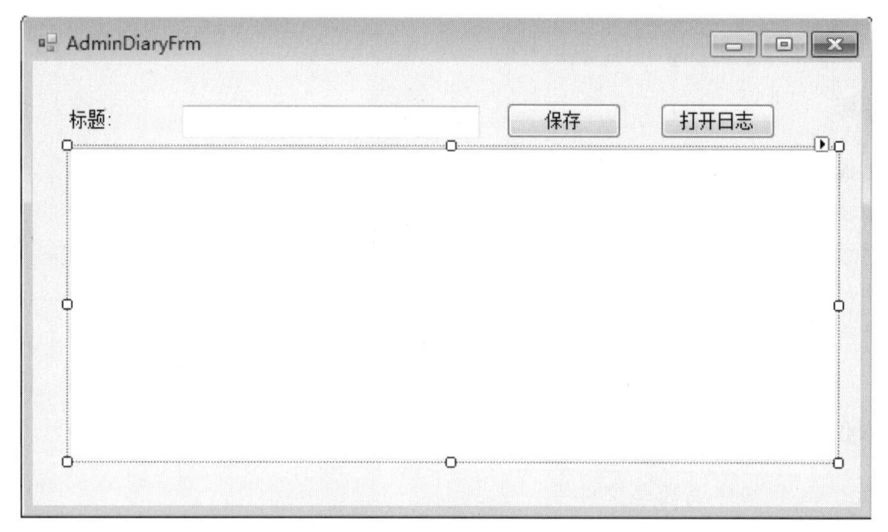

图 6-2 创建“AdminDiaryFrm”窗体

（3）双击“管理员日志”菜单项，添加 Click 事件代码，代码如下：

```
private void 管理员日志ToolStripMenuItem_Click(object sender, EventArgs e)
{
    AdminDiaryFrm diaryFrm = new AdminDiaryFrm();
    diaryFrm.Show();
}
```

（4）为“AdminDiaryFrm”窗体代码添加命名空间的引入，代码如下：

```
using System.IO;
```

（5）在“保存”按钮单击事件中添加如下代码：

```
private void btnSave_Click(object sender, EventArgs e)
{
```

```
    string path = Application.StartupPath + "/diary.txt";//默认保存路径
    string title = this.txtTitle.Text;
    string content = this.txtContent.Text;

    try
    {
        //创建文件流
        FileStream fs = new FileStream(path, FileMode.Create);
        //创建写入器
        StreamWriter sw = new StreamWriter(fs);
        //写入操作
        sw.WriteLine(title);
        sw.Write(content);
        //关闭写入器
        sw.Close();
        //关闭文件流
        fs.Close();
        MessageBox.Show("保存成功");

    }
    catch (Exception ex)
    {
        MessageBox.Show(ex.Message);
    }
}
```

（6）在“打开日志”按钮单击事件中添加如下代码：

```
private void btnOpen_Click(object sender, EventArgs e)
    {
        OpenFileDialog opfDiary = new OpenFileDialog();
        opfDiary.ShowDialog();
        string path = opfDiary.FileName;

        try
        {
            //创建文件流
            FileStream fs = new FileStream(path, FileMode.Open);
            //创建写入器
            StreamReader sr = new StreamReader(fs, Encoding. UTF8);
            //读取操作
            this.txtTitle.Text = sr.ReadLine();
            this.txtContent.Text = sr.ReadToEnd();
            //关闭读取器
            sr.Close();
            //关闭文件流
```

```
            fs.Close();
            MessageBox.Show("读取成功");

        }
        catch (Exception ex)
        {
            MessageBox.Show(ex.Message);
        }
    }
```

（7）运行程序，并输入日志内容，单击“保存”按钮，如果保存成功，则出现如图 6-3 所示的界面。

图 6-3　保存日志成功

（8）运行程序，单击“打开日志”按钮，选择要打开的日志文件，如果读取日志文件成功，则出现如图 6-4 所示的界面。

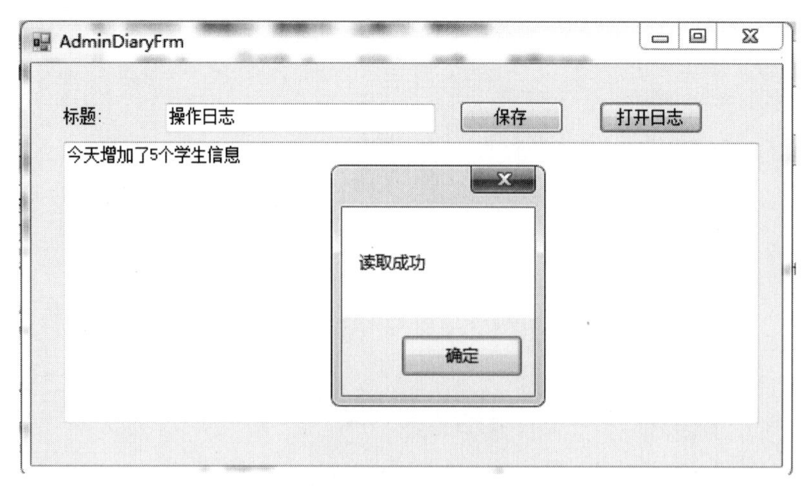

图 6-4　读取日志成功

如果要正常使用文件读写，必须引入对文件操作的命名空间，正如我们要对数据库操作必

须引入数据库操作的命名空间一样，代码如下：

```
using System.IO;
```

6.1.2 文件介绍

在现有的计算机原理中，程序是运行在内存中的，这也是为什么杀毒软件工作时先在内存中查找病毒的原因。程序中的数据通常也是被保存在内存中的，当程序被关闭后，内存中的数据就会被释放。如果想要保存程序中的数据或计算的结果，则必须想办法将内存中的数据保存到硬盘等存储介质。

在通常情况下，我们采用两种方法解决数据保存的问题：一种方法是将数据存储在数据库中；另一种方法是将数据保存在文件中。在一般情况下，数据库适用于大批量的包含复杂查询的数据维护。而对于简单的数据来说，采用数据库存储操作相对比较复杂而且成本偏高，此时我们一般采用文件存储数据的方法。例如，很多应用程序的用户配置信息都采用保存在文件中，而不采用保存在数据库中的方式。

计算机文件属于文件的一种，与普通文件载体不同，计算机文件是以计算机硬盘为载体存储在计算机上的信息集合。文件可以是文本文件、图片文件、程序文件等。文件通常具有 3 个字母的文件扩展名，用于指示文件类型（例如，图片文件常常以 JPEG 格式保存并且文件扩展名为 .jpg）。计算机使用不同的工具读取和保存不同的文件，各种文件格式如图 6-5 所示。

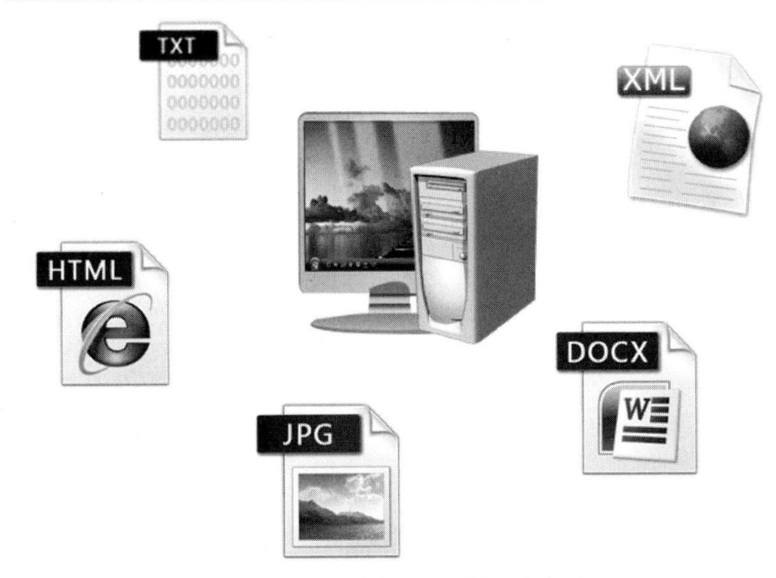

图 6-5 计算机中常见的文件类型

文件就是在计算机中，以实现某种功能或某个软件的部分功能为目的而定义的一个单位。文件有很多种类型，运行的方式也各有不同。一般来说，我们可以通过文件后缀名识别这个文件是哪种类型，特定的文件都会有特定的图标（就是显示这个文件的样子），也只有安装了相应的软件，才能正确显示这个文件的图标。例如，我们可以使用文本文件保存文本信息，使用 Excel 文件保存表格信息，还可以使用 PowerPoint 文件保存幻灯片，使用 HTML 文件保存个人网页等。

在 Windows 系统中，文件可以按照不同的方式进行分类。按照性质和用途分为系统文件、用户文件、库文件。按照文件的逻辑结构分为流式文件、记录式文件。按照信息的保存期限分为临时文件、永久性文件、档案文件。按照文件的物理结构分为顺序文件、链接文件、索引文件、哈希文件、索引顺序文件。按照文件的存取方式分为顺序存取文件、随机存取文件。

在 UNIX 系统中，文件分为普通文件、目录文件、特殊文件。

在管理信息系统中，按照文件的用途分为主文件、处理文件、工作文件、周转文件（存放）、其他文件；按照文件的组织方式分为顺序文件、索引文件、直接存取文件。

总之，文件就是用来存储数据的一个单位。在一般情况下，文件存储的信息比一个简单的变量要多得多，而且一般这些存储的数据还可在用户日后需要时，再次从硬盘加载到内存中以供应用程序继续处理。

6.1.3　如何读写文件

在一般情况下，使用 C#程序读写文件主要有以下 5 个基本步骤（用户可对比 C#对数据库的操作方法）。

- 创建文件流。
- 创建读取器或写入器。
- 执行读/写操作。
- 关闭读取器或写入器。
- 关闭文件流。

下面我们将详细讲解文件流与文件读写器的使用方法。

1．文件流操作

流是一个用于数据传输的对象。简单来说，流就是建立在面向对象基础上的一种抽象的处理数据的工具。在流中，定义了一些处理数据的基本操作，如读取数据、写入数据等。程序员只需要对流进行所有操作，而不用关心流的另一头数据的真正流向。流不但可以处理文件，还可以处理动态内存、网络数据等多种数据形式。在程序中，程序员利用流的方便性，会大大提高程序的执行效率。

文件操作的第一步是创建一个文件流，我们可以使用 FileStream 类创建文件流。在创建文件流时，需要在它的构造函数中指定参数。

语法格式如下：

```
FileStream 文件对象名 = new FileStream(String FilePath, FileMode);
```

其中，FilePath 用于指定要操作的文件（包含存储路径）。FileMode 用于指定打开文件的模式，它是一个枚举类型，枚举成员说明如表 6-1 所示。

表 6-1　FileMode 枚举成员说明

枚举成员	成员值	说明
CreateNew	1	指定操作系统创建新文件，如果文件存在则抛出异常
Create	2	指定操作系统创建新文件，如果文件存在则将其覆盖
Open	3	指定操作系统打开现有文件，如果文件不存在则抛出异常
OpenOrCreate	4	指定操作系统打开现有文件，如果文件不存在则创建文件
Truncate	5	指定操作系统打开现有文件，如果文件已存在则清空，从 Truncate 打开的文件中读取将抛出异常
Append	6	指定操作系统打开现有文件，并在文件末尾追加内容

文件流使用完之后一定要记得关闭文件流。

语法格式如下：

```
文件对象名.Close();
```

2. 写入器

创建文件流之后，我们要创建读取器或写入器，StreamWriter 类为写入器，它用于将数据写入文件流，只要将创建好的文件流传入，就可以创建它的实例。

语法格式如下：

```
StreamWriter 写入器对象 = new StreamWriter(文件对象名);
```

创建了写入器后，我们可以调用写入方法将内容写入文件流，写入器的主要方法如表 6-2 所示。

表 6-2 写入器的主要方法

方 法	说 明
Write()	直接将字符串写入文件流
WriteLine()	将字符串写入文件流后，又写入一个回车换行
Close()	关闭写入器

同文件流操作一样，写入器使用完之后一定要记得关闭写入器。

3. 读取器

StreamReader 用于读取文件流中的数据。读取器的主要方法如表 6-3 所示。

表 6-3 读取器的主要方法

方 法	说 明
ReadLine()	读取文件流中的一行数据，返回字符串
ReadToEnd()	从当前位置读到文件末尾，返回字符串
Close()	关闭读取器

需要注意的是，当准备读取文件数据时，所创建的文件流的 FileMode 应该设置为 FileMode.Open，而不是 FileMode.Create。此外，读取结束后，同样要将读取器关闭。

4. 解决乱码问题

当使用 StreamReader 读取文件时，如果文件中含有中文则可能会出现乱码问题。这并不是 C#的问题，而是文件编码的问题。

虽然我们读取的内容在计算机中存储的内容是不会改变的，但是用不同的编码方式读取出来显示的效果就会有所不同。读者可以尝试打开一个网页，然后更改字符的编码会发现原本正常显示的网页突然就变成了乱码。

因此，我们要解决读取字符编码乱码的问题就是要保证读取到的文件是正确存储的编码。在一般情况下，在 C#中默认文件写入的字符编码方式是“UTF8”，因此，我们可以使用“UTF8”的方式读取文件，代码如下：

```
StreamReader sr = new StreamReader(fs, Encoding.UTF8);
```

我们也可以使用系统默认编码格式读取文件，代码如下：

```
StreamReader sr = new StreamReader(fs, Encoding.Default);
```

另外，我们还可以使用 Encoding 类的静态方法 GetEncoding(string name)指定字符编码，参数 name 必须是 C#支持的编码名，代码如下：

```
StreamReader sr = new StreamReader(fs, Encoding.GetEncoding("GB2312"));
```

常见的几种字符编码如表 6-4 所示。

表 6-4　常见的几种字符编码

字符编码	说明
ASCII	美国信息交换标准码，适用于纯英文环境
Unicode	它包含了世界上所有的符号，并且每一个符号都是独一无二的。例如，U+0639 表示阿拉伯字母 Ain，U+0041 表示英文的大写字母 A，U+4E25 表示汉字“严”。具体的符号对应表，可以查询 unicode.org，或者专门的汉字对应表。Unicode 是一个符号集（世界上所有符号的符号集），而不是一种新的编码方式
UTF8	UTF8 就是在互联网上使用比较广泛的一种 Unicode 的实现方式，它使用 1～4 个字符表示一个符号，根据不同的符号而变化字节长度。其他实现方式还包括 UTF16 和 UTF32，不过它们在互联网上基本不用。UTF8 是 Unicode 的实现方式之一
GB2312	简体字的编码，GB2312 只支持 6000 多个汉字的编码
Big5	繁体字中文编码

6.1.4　常见错误与问题

在编写文件相关程序时，初学者很可能会犯如下错误。

1．保存文件的 FileMode 打开模式设定错误

FileMode 打开模式设定为 CreateNew，如果文件在创建前就已经存在，则程序会发生异常。假如在本任务中，如果创建文件流修改代码如下：

```
FileStream fs = new FileStream(path, FileMode.CreateNew);
```

则运行程序会出现异常，保存文件的 FileMode 打开模式设定错误发生的异常，如图 6-6 所示。

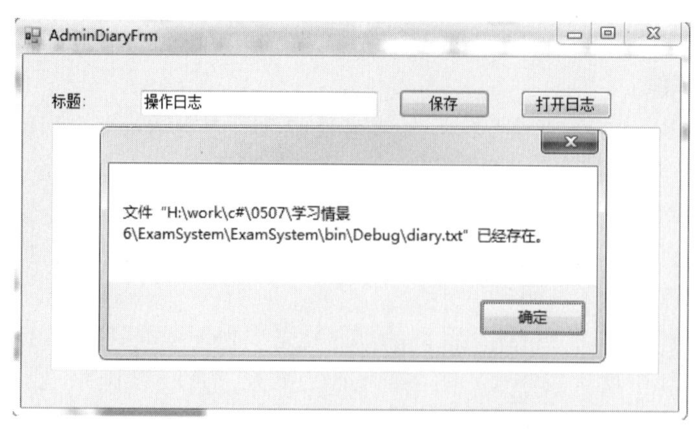

图 6-6　保存文件的 FileMode 打开模式设定错误发生的异常

2．设置存储路径错误

如果我们直接指定文件存储路径为一个特定的路径，如“C:\test.txt”，则修改代码如下：

```
string path = "c:\test.txt";
```

运行程序会出现异常，如图 6-7 所示。

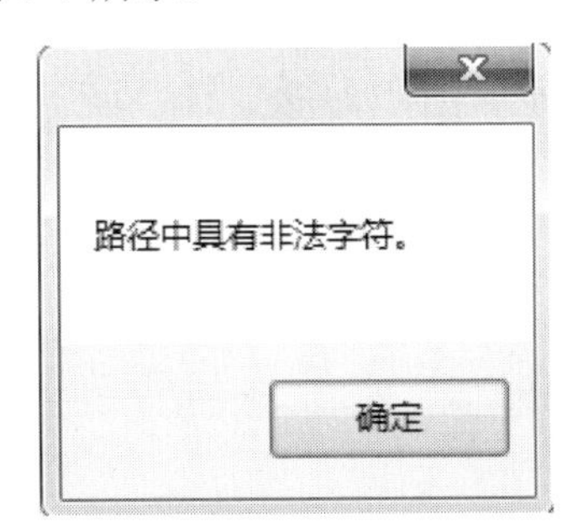

图 6-7 设置存储路径错误发生的异常

出现上面异常的原因是 C#内部不支持“C:\test.txt”。有以下两种方法可以解决此类问题。

- 将路径中的“\”全部改写为“\\”，这是 C#的标准写法，代码改写为：

```
string path = "c:\\test.txt";
```

- 在路径字符串前面添加“@”字符，代码改写为：

```
string path = @"c:\test.txt";
```

3. 关闭文件流与关闭读写器的顺序写错

之前，我们给出对文件操作时的顺序是先创建文件流再创建读写器，然后对文件进行相应的读/写操作，随后我们应当先关闭读写器再关闭文件流。如果我们先关闭了文件流再关闭读写器就会发生异常，如图 6-8 所示。

图 6-8 先关闭文件流再关闭读写器发生的异常

6.1.5 上机实训

【上机练习 1】

实现 ExamSystem 系统保存管理员日志功能。

- 需求说明。
  - ➢ 创建 ExamSystem 项目。
  - ➢ 创建“AdminDiaryFrm”窗体，参考图 6-2。
  - ➢ 在 SchoolManager 类中创建 SaveAdminDiary()方法实现文件的存储。
  - ➢ 在 SchoolManager 类中创建 SaveAdminDiary(string path)方法实现根据指定路径存储文件。

> ➢ 调用 SchoolManager 类中的 SaveAdminDiary()方法实现文件存储。

- 实现思路。
  - ➢ 指定路径实现文件存储方法要配合适当修改“AdminDiaryFrm”窗体来实现，可以在“AdminDiaryFrm”窗体中添加存储路径文本框，如图 6-9 所示。

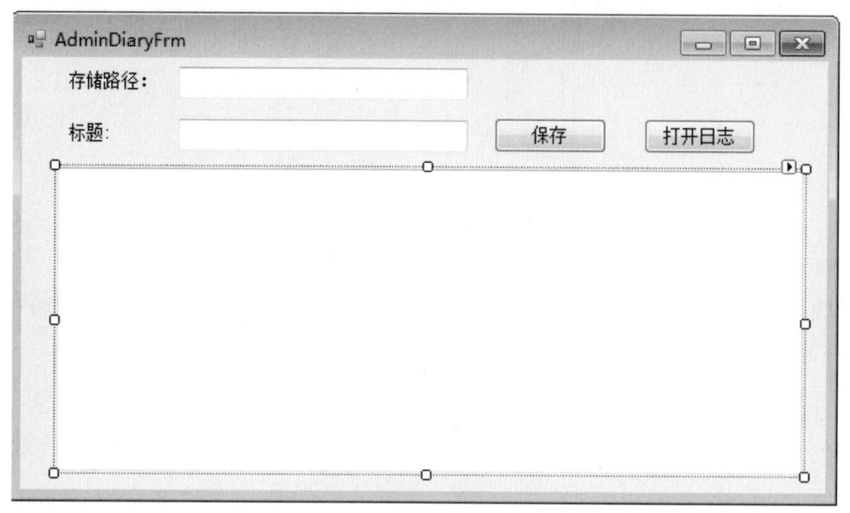

图 6-9　添加存储路径文本框

【上机练习 2】

实现 ExamSystem 系统打开管理员日志功能。

- 需求说明。
  - ➢ 创建 ExamSystem 项目。
  - ➢ 创建“AdminDiaryFrm”窗体，参考图 6-2。
  - ➢ 在 SchoolManager 类中创建 OpenAdminDiary()方法实现日志文件的打开。
  - ➢ 调用 SchoolManager 类中的 OpenAdminDiary()方法实现日志文件的打开。

【上机练习 3】

利用文件实现数据库连接字符串设置。

- 需求说明。
  - ➢ 创建 SetServer 项目。
  - ➢ 创建“服务器设定”窗体，界面如图 6-10 所示。

图 6-10　“服务器设定”窗体界面

- 单击“当前设定”按钮可以显示当前服务器设定内容。
- 单击“设定”按钮将用户输入数据库的内容写入配置文件。
- 配置文件名称建议为“ini”后缀。
- 修改 ExamSystem 项目数据库配置部分代码，通过 SetServer 的配置文件进行数据库的操作。

任务自测表（请在下面记录表中记录自己的学习情况，看看自己掌握的程度）

任务 6.1	看懂本任务的代码	上机练习 1	上机练习 2	上机练习 3

任务 6.2 小型资源管理器

任务描述

开发小型资源管理器，我们可以浏览文件信息。以 D 盘操作为例，在小型资源管理器中我们既可以浏览文件，也可以对文件进行复制或删除操作。

任务分析

小型资源管理器的功能包括了对文件和目录的常用操作，在具体实现时我们要注意文件存在性的判断及异常处理。

6.2.1 任务实现代码及说明

实现步骤如下。

（1）新建一个 MyExplore 项目。

（2）创建“小型资源管理器”主窗体，如图 6-11 所示。

图 6-11 “小型资源管理器”主窗体

（3）创建 MyFile 类，以供文件操作，代码如下：

```
public class MyFile
{
    /// <summary>
    /// 文件名

    /// </summary>
    private string fileName;
    public string FileName
    {
        get { return fileName; }
        set { fileName = value; }
    }

    /// <summary>
    /// 文件类型
    /// </summary>
    private string fileType;
    public string FileType
    {
        get { return fileType; }
        set {
            if (value.Length > 1)
            {
                fileType = value.Substring(1, value.Length - 1);
            }
        }
    }

    /// <summary>
    /// 文件大小
    /// </summary>
    private float fileLength;
    public float FileLength
    {
        get { return fileLength; }
        set {
            //将字节大小转换为以 KB 为单位

            fileLength = float.Parse(Math.Round(value/1024, 2).ToString());
        }
    }
```

```
    /// <summary>
    /// 文件路径
    /// </summary>
    private string filePath;
    public string FilePath
    {
        get { return filePath; }
        set { filePath = value; }
    }
}
```

（4）编写加载驱动器程序代码，代码如下：

```
/// <summary>
/// 加载驱动器
/// </summary>
private void LoadDrives()
{
    TreeNode driver = new TreeNode();
    driver.Text = "D:\\";
    driver.Tag = "D:\\";
    this.tvExplore.Nodes.Add(driver);
}
```

（5）编写主窗体加载代码，实现添加驱动器功能，代码如下：

```
private void MainFrm_Load(object sender, EventArgs e)
{
    //添加盘符
    LoadDrives();
}
```

（6）编写方法显示文件，代码如下：

```
public void ShowFiles(List<MyFile> files)
{
    ListViewItem item = null;
    lvFiles.Items.Clear();
    foreach (MyFile file in files)
    {
        item = new ListViewItem();
        item.Text = file.FileName;
        item.SubItems.Add(file.FileLength.ToString());
        item.SubItems.Add(file.FileType);
        item.SubItems.Add(file.FilePath);
        this.lvFiles.Items.Add(item);
```

```
    }
}
```

（7）编写方法实现将文件目录绑定到 TreeView 控件中，代码如下：

```
private void BindInfo(TreeNode node)
 {
     #region  绑定子目录

     DirectoryInfo directoryInfo = new DirectoryInfo(node.Tag.ToString());
     DirectoryInfo[] dirs = directoryInfo.GetDirectories();
     foreach (DirectoryInfo di in dirs)
     {
         TreeNode temp = new TreeNode();
         temp.Text = di.Name;
         temp.Tag = di.FullName;
         node.Nodes.Add(temp);
     }
     #endregion

     #region 绑定本目录中的文件

     FileInfo[] fileInfo = directoryInfo.GetFiles();
     List<MyFile> files = new List<MyFile>();
     foreach (FileInfo myFile in fileInfo)
     {
         MyFile file = new MyFile();
         file.FileName = myFile.Name;
         file.FileLength = myFile.Length;
         file.FileType = myFile.Extension;
         file.FilePath = myFile.FullName;
         files.Add(file);
     }

     #endregion

     #region 绑定 listView
     ShowFiles(files);
     #endregion
 }
```

（8）双击 TreeView 控件，编写控件选中后事件代码，代码如下：

```
private void tvExplore_AfterSelect(object sender, TreeViewEventArgs e)
{
```

```
    TreeNode node = this.tvExplore.SelectedNode;
    this.BindInfo(node);
}
```

（9）添加上下文相关控件并命名为“ContextMenuStrip”，在控件中添加“复制”与“删除”两个选项，如图 6-12 所示。

图 6-12 添加上下文相关控件

（10）添加“复制”事件代码，代码如下：

```
private void tisiCopy_Click(object sender, EventArgs e)
        {
            if (this.lvFiles.SelectedItems.Count == 0)
            {
                return;
            }
            //提示用户选择文件夹
            FolderBrowserDialog fbd = new FolderBrowserDialog();
            DialogResult result = fbd.ShowDialog();
            //源文件路径
            string sourcePath = lvFiles.SelectedItems[0].SubItems[3].Text;
            //目标文件路径
            string desPath = null;
            //如果正确选择目标位置，则执行复制操作
            if (result == DialogResult.OK)
            {
                desPath = fbd.SelectedPath;
                desPath += "\\" + lvFiles.SelectedItems[0].SubItems[0].Text;
                //复制文件
                File.Copy(sourcePath, desPath);
                MessageBox.Show("复制成功！");
            }
        }
```

（11）添加“删除”事件代码，代码如下：

```
private void tsmiDel_Click(object sender, EventArgs e)
{
    if (this.lvFiles.SelectedItems.Count == 0)
```

```
        {
            return;
        }
        //要删除的文件
        string sourcePath = lvFiles.SelectedItems[0].SubItems[3].Text;
        DialogResult  result  =  MessageBox.Show(this,  "确定要删除吗？",  "警告！",
MessageBoxButtons.OKCancel, MessageBoxIcon.Warning);
        if (result == DialogResult.OK)
        {
            File.Delete(sourcePath);
            MessageBox.Show("删除成功！");
            //刷新去掉删除的文件
            this.lvFiles.SelectedItems[0].Remove();
        }
    }
```

（12）运行程序，我们可以对 D 盘中的文件进行管理（复制或删除），如图 6-13 所示。

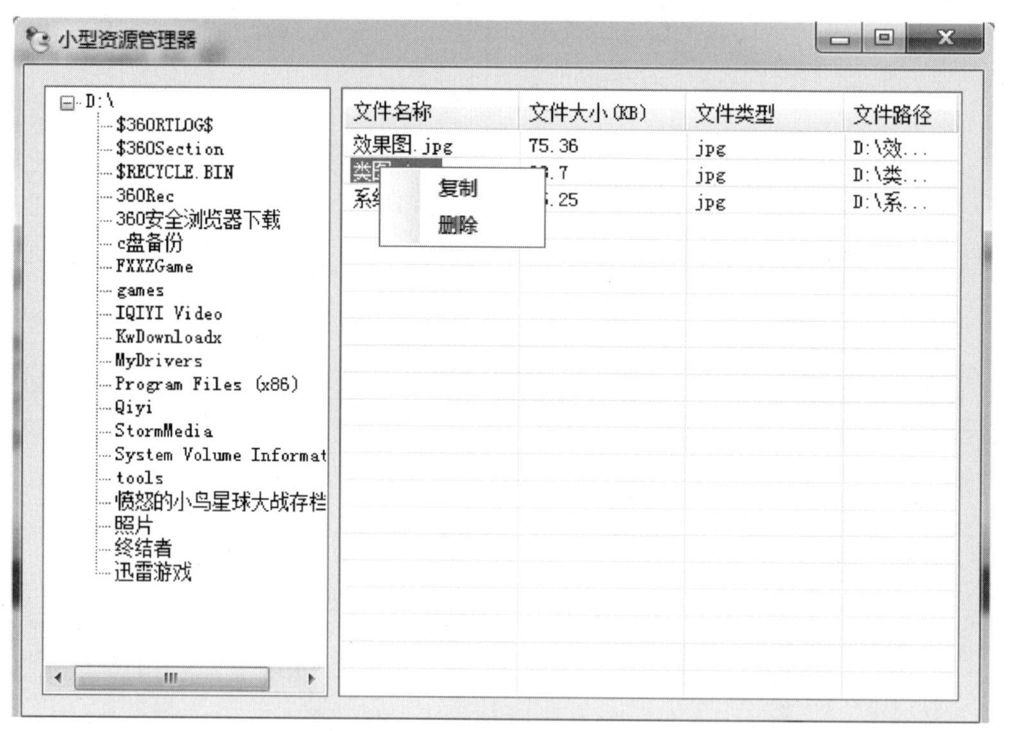

图 6-13　对 D 盘中的文件进行管理

6.2.2　文件类（File 类）操作

在前文我们已经学习了文件的打开和读取操作，但如何实现文件的复制操作呢？

在.NET 框架类库中为用户提供了一个 File 类，该类实现了对文件的很多方法，文件类所处的命名空间也是 System.IO，表 6-5 列出了 File 类的常用方法。

表 6-5　File 类的常用方法

方　法	说　明
Open()	根据指定路径及方式打开文件
Copy()	复制源文件中的内容到目标文件，如果目标文件不存在，则在指定路径中新建一个文件
Exists()	判断当前文件是否存在，返回布尔值
Delete()	删除当前文件，如果删除文件不存在，则程序会产生异常
Move()	移动文件到新的指定路径

小贴士

File 类的 Exists()方法在进行文件操作时会被经常用到，原因很简单，当我们对文件进行复制、移动、删除等操作时，如果文件不存在，则程序会产生异常。

文件复制与删除的功能可以参考本节任务中的复制与删除两个事件中的代码，其他方法用户可自行编写代码检验。

6.2.3　目录类（Directory 类）操作

Directory 类与 File 类有很大的相似性，但不同的是 Directory 类操作的对象是文件夹，而 File 类操作的对象是文件。

1．Directory 类的常用方法

Directory 类的常用方法如表 6-6 所示。

表 6-6　Directory 类的常用方法

方　法	说　明
CreateDirectory()	根据指定路径创建目录
Delete()	删除目录，第 2 个参数为布尔类型，决定是否删除非空目录。如果值为 true，则将彻底删除整个目录；如果值为 false，则仅当目录为空时才可以删除
Exists()	判断当前文件夹是否存在，返回布尔值
Move()	移动文件或目录到新的指定路径
GetFiles()	获得目录下的所有文件，并将其存储到字符串数组中
GetDirectories()	获得所有子目录，并将其存储到字符串数组中

小贴士

Directory 类操作与 File 类操作有很大的相似性，读者可以将两者结合起来进行学习比较。同样，对 Directory 类的操作方法可以参考本任务中的相关代码。

2．静态类与静态方法

File 类与 Directory 类在使用其方法时不需要实例化，而是直接通过“类名.方法()”的方式实现。这种直接调用类中的方法称为静态方法，而静态类就是只包含静态方法的类，并且也不能使用 new 关键字创建静态类的实例。

使用静态类的优点在于，编译器能够执行检查以确保不会添加实例成员。编译器将保证不会创建此类的实例。

静态类是密封的，因此不可以被继承。静态类不能包含构造函数，但仍可以声明静态构造

函数以分配初始值或设置某个静态状态。

静态类与非静态类的区别如表 6-7 所示。

表 6-7　静态类与非静态类的区别

静　态　类	非 静 态 类
可以用 static 修饰	不可以用 static 修饰
只能包含静态成员	可以包含静态成员
不可以包含实例成员	可以包含实例成员
使用类名调用静态成员	使用实例化对象调用非静态成员
不可以被实例化	可以被实例化
不可以包含实例构造函数	可以包含实例构造函数

6.2.4　实例化方法的文件与目录操作

前文我们讲解了 File 类与 Directory 类的概念，这两个类是不可实例化的静态类。如果我们想使用实例化的方法对文件或目录进行操作，就必须使用 FileInfo 类和 DirectoryInfo 类。

例如，我们可以定义一个实例化操作文件对象的方法，代码如下：

```
string  FileOpreater()
{
    FileInfo myFile = new FileInfo("D:\\temp\\Test.txt");
    string msg = "文件名是否存在"+myFile.Exists;
    msg += "文件名" + myFile.Name;
    msg += "文件目录名" + myFile.Directory.Name;
    myFile.CopyTo("C:\\temp\\Test.txt");
    return msg;
}
```

FileInfo 类的常用属性和方法如表 6-8 和表 6-9 所示。

表 6-8　FileInfo 类的常用属性

属　　性	说　　明
Exists	检查文件是否存在，返回布尔值
Extension	获取文件的扩展名
Name	获取文件名
FullName	获取包含目录的完整文件名

表 6-9　FileInfo 类的常用方法

方　　法	说　　明
CopyTo()	复制文件到指定路径，不允许覆盖现有文件
Delete()	删除文件
MoveTo()	移动文件到指定路径

DirectoryInfo 类的常用属性和方法如表 6-10 和表 6-11 所示。

表 6-10　DirectoryInfo 类的常用属性

属　性	说　明
Exists	检查目录是否存在，返回布尔值
Extension	获取目录的扩展名
Name	获取实例名称
FullName	获取目录或文件的完整目录

表 6-11　DirectoryInfo 类的常用方法

方　法	说　明
Create()	创建目录
Delete()	删除 DirectoryInfo 对象及其内容
MoveTo()	移动目录到指定路径

6.2.5　上机实训

【上机练习 4】

实现文件复制。

- 需求说明。
  - 实现指定文件复制到指定目录。
  - 实现异常处理。

【上机练习 5】

实现文件删除。

- 需求说明。
  - 实现指定文件删除。
  - 实现异常处理。

【上机练习 6】

实现文件移动。

- 需求说明。
  - 实现指定文件移动到指定目录。
  - 实现异常处理。

任务自测表（请在下面记录表中记录自己的学习情况，看看自己掌握的程度）

任务 6.2	看懂本任务的代码	上机练习 4	上机练习 5	上机练习 6

归纳与总结

- 读写文件的 5 个步骤：创建文件流、创建读取器或写入器、执行读/写操作、关闭读取器或写入器、关闭文件流。
- 文件操作的命名空间是 System.IO。
- 文件流的类是 FileStream，在创建文件流时需要指定操作文件的路径及文件的打开方式。

- StreamWriter 是一个写入器，而 StreamReader 是一个读取器。
- 读写文件可以直接使用读写器，不必创建文件流，但这样不易控制文件的打开及访问方式。
- File 类用于对文件的操作。
- Directory 类用于对文件夹的操作。
- File 类与 Directory 类都是静态类。
- FileInfo 类是实例化操作文件对象的类。
- DirectoryInfo 类是实例化操作文件夹对象的类。

项目 7

综合项目实践

目前，我们已经学习了很多 C#程序开发的方法，基本上已经可以进行一个中小型项目的开发。到了开发后期，我们就会面临制作应用程序的帮助文档及用户的一些特殊要求。在项目 7 中我们将学习如何解决以上问题。

工作任务

- 制作 ExamSystem 系统帮助文档。
- 数据库操作日志。
- 权限控制。

技能目标

- 了解制作 ExamSystem 系统帮助文档的方法与步骤。
- 学会使用 HTML Help Workshop 工具制作帮助文档。
- 灵活运用数据库操作。

预习作业

- ExamSystem 系统帮助文档有什么作用?
- 有哪些制作 ExamSystem 系统帮助文档的工具?
- 如何在程序运行期间记录登录人员?
- 如何实现窗体级权限控制?

任务 7.1 制作 ExamSystem 系统帮助文档

任务描述

ExamSystem 系统基本功能实现之后，我们需要提供一个帮助文档来协助初次使用系统的用户尽快熟悉本系统。根据实际需要，我们制作一个帮助文档完成对 ExamSystem 系统的介绍与帮助。

任务分析

首先我们要制作一系列的 HTML 格式的帮助文档，然后利用 HTML Help Workshop 工具实现帮助文档的制作。

7.1.1　任务实现代码及说明

实现步骤如下。

（1）准备好之前完成的 ExamSystem 考试管理系统项目。

（2）准备好一系列独立的 HTML 帮助文档。

（3）打开“HTML Help WorkShop”界面，如图 7-1 所示。

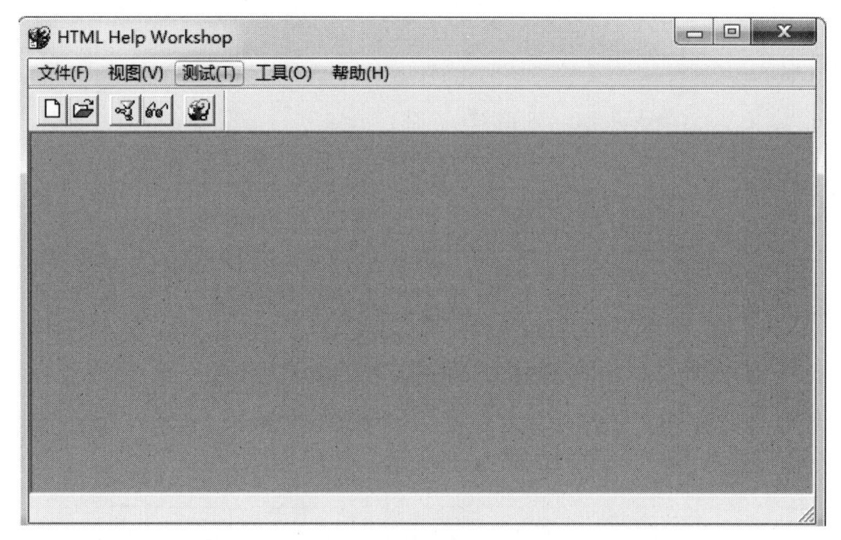

图 7-1　打开“HTML Help WorkShop”界面

（4）建立项目文件，创建新的帮助文档方案，如图 7-2 所示。

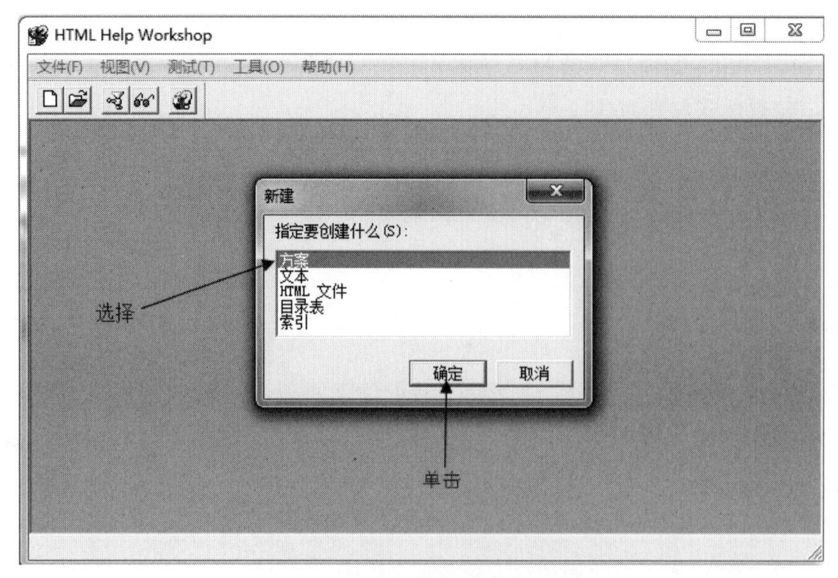

图 7-2　创建新的帮助文档方案

（5）单击“确定”按钮后，进入新建方案向导，由于我们是新建一个方案而不是转换一个已经存在的方案，所以直接单击“下一步”按钮，如图 7-3 所示。

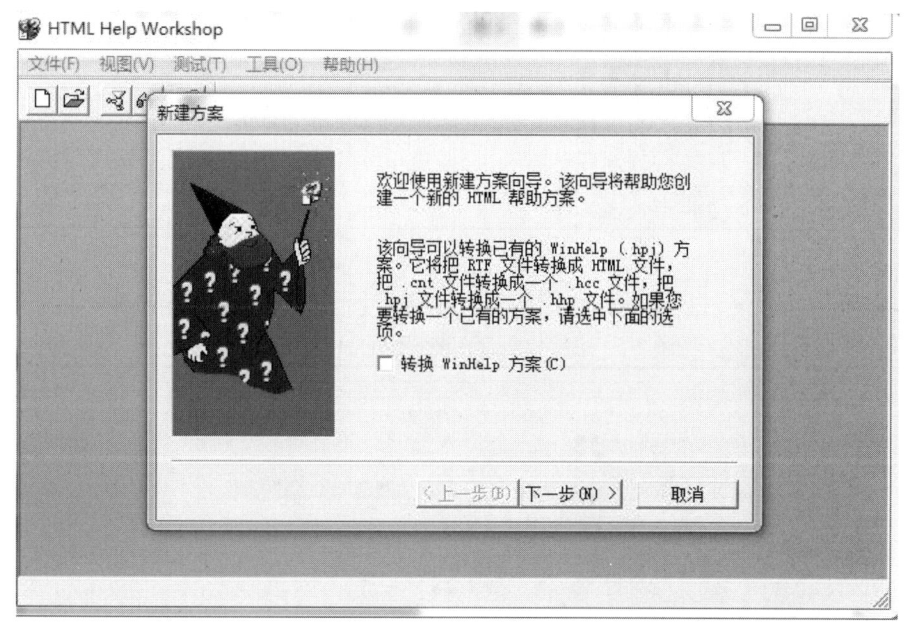

图 7-3　单击“下一步”按钮

（6）创建方案的存储路径，如图 7-4 所示，将方案名命名为 ExamSystemHelpHtml，并放在与之前准备好的 HTML 文件在同一目录下。

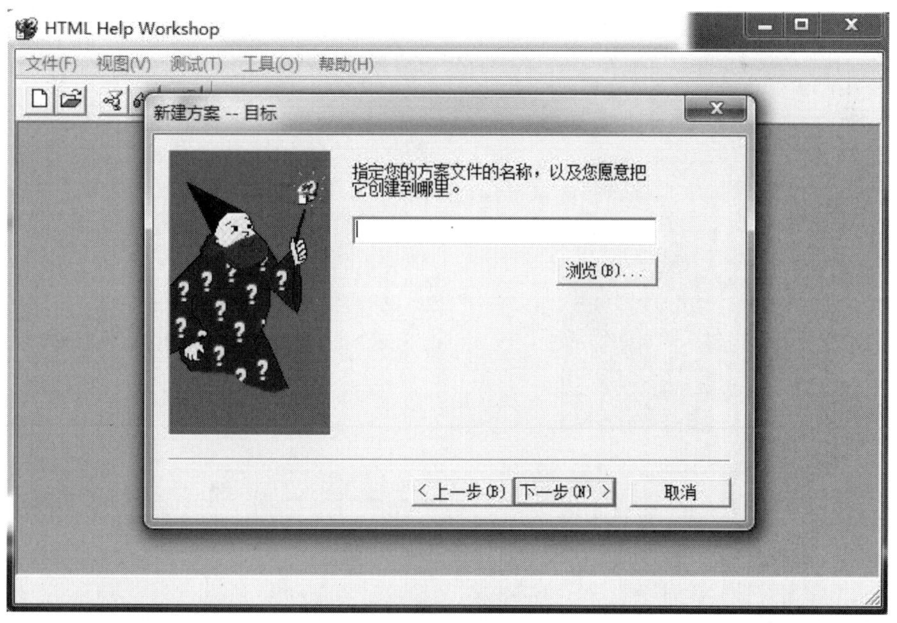

图 7-4　创建方案的存储路径

（7）将之前制作的 HTML 文件包含在新建的方案中，如图 7-5 所示。

（8）将 HTML 文件添加到方案，如图 7-6 所示。

（9）单击“下一步”按钮，并单击“完成”按钮，完成方案向导，如图 7-7 所示。

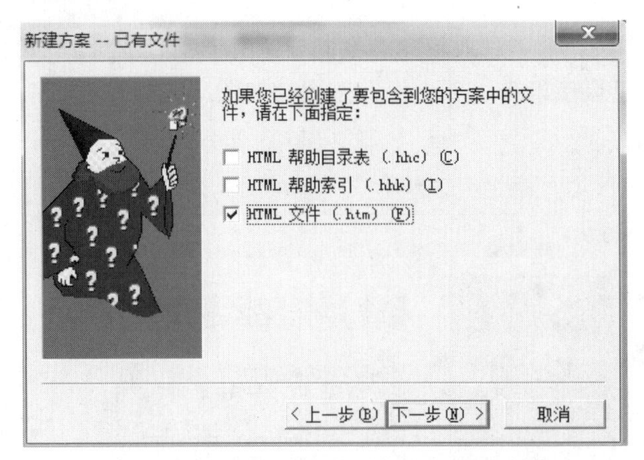

图 7-5　设置要包含之前制作的 HTML 文件

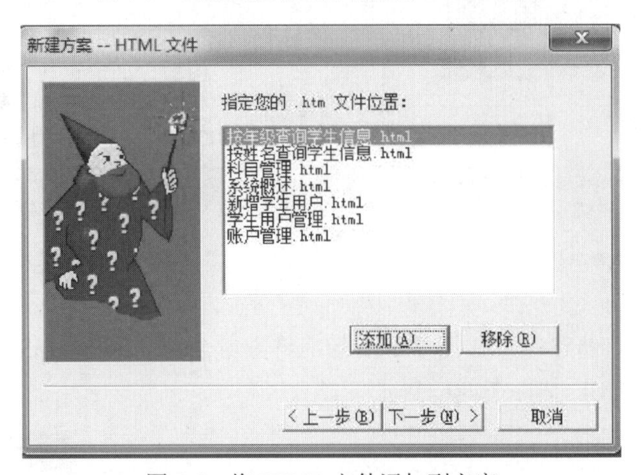

图 7-6　将 HTML 文件添加到方案

图 7-7　完成方案向导

（10）至此我们已经实现了一个新的帮助文档方案，新建方案向导后的界面如图 7-8 所示，随后我们会继续完善此帮助文档方案。

（11）选择“目录”选项卡，新建一个方案的目录。如果之前存在方案的目录，则可以打开一个已经存在的目录文件。因为我们之前没有目录文件，所以创建一个新的目录文件，如图 7-9 所示。

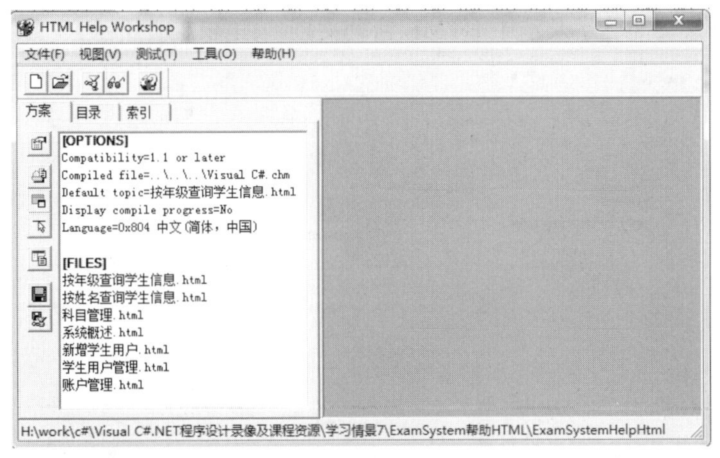

图 7-8　新建方案向导后的界面

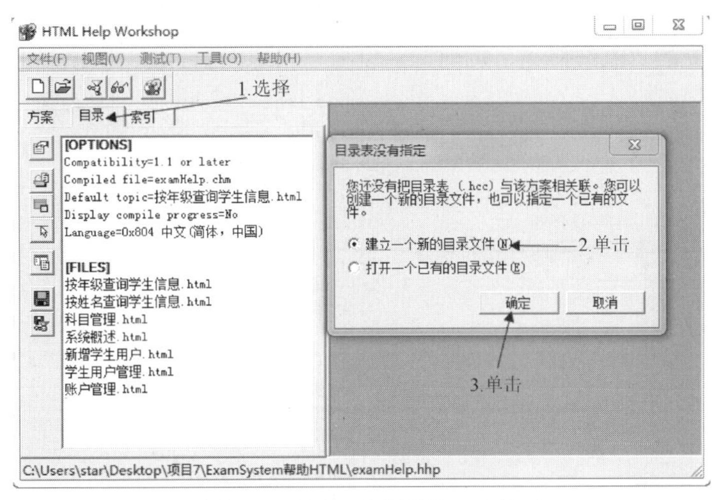

图 7-9　创建一个新的目录文件

（12）创建新的目录文件名及保存路径，单击“保存”按钮。

（13）创建一个新的目录页面后，单击“插入一个页面”按钮，如图 7-10 所示。

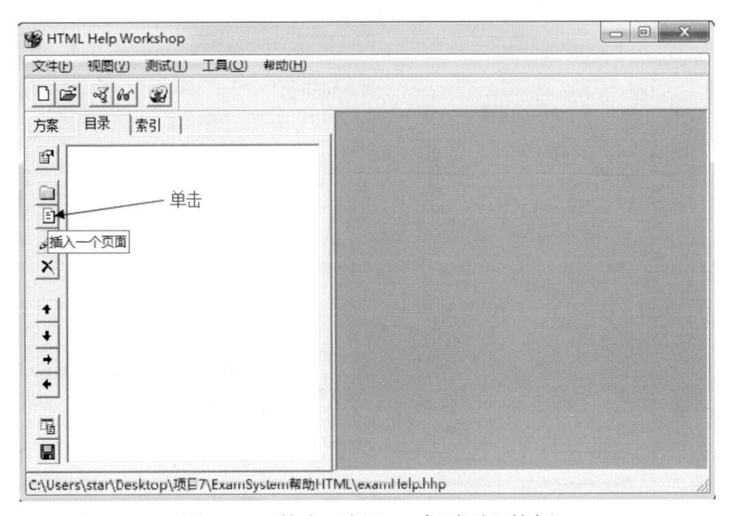

图 7-10　单击“插入一个页面”按钮

（14）创建目录页面名字及选中 HTML 帮助文档，如图 7-11 所示。

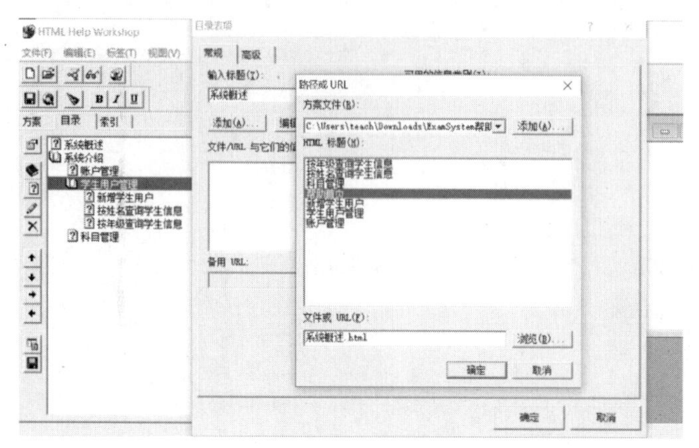

图 7-11　创建目录页面名字及选中 HTML 帮助文档

（15）双击建立的“系统概述”页面，可以打开指定的 HTML 帮助文档，如图 7-12 所示。

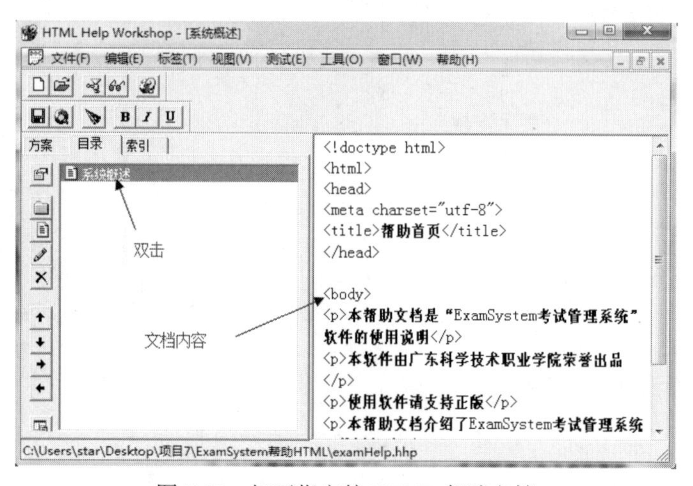

图 7-12　打开指定的 HTML 帮助文档

（16）新建一个标题，单击“插入一个标题”按钮，新的目录标题名为“系统操作”，如图 7-13 和图 7-14 所示。

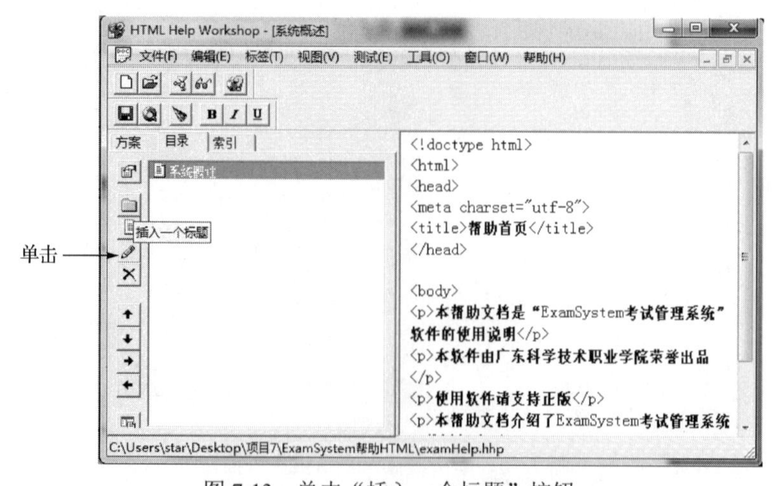

图 7-13　单击“插入一个标题”按钮

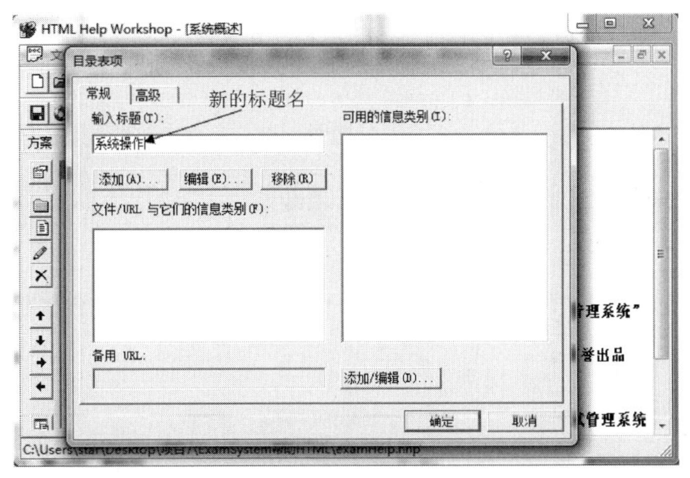

图 7-14　命名目录标题

（17）依次在系统操作目录下添加对系统操作的 HTML 帮助文档，实现目录的创建，如图 7-15 所示。

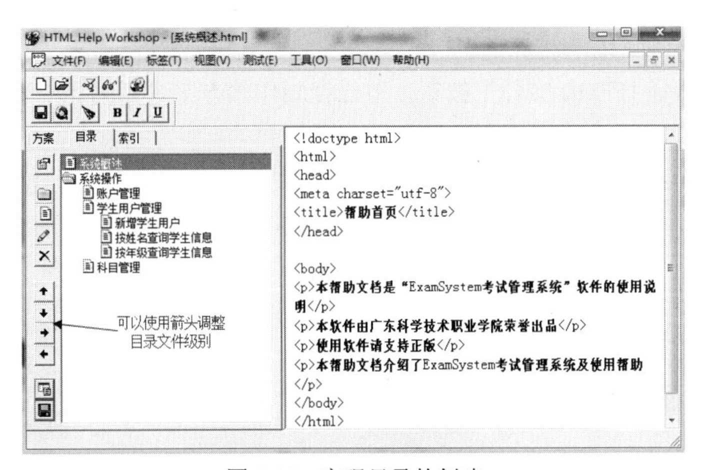

图 7-15　实现目录的创建

（18）选择“索引”选项卡，创建一个新的索引文件，如图 7-16 所示。

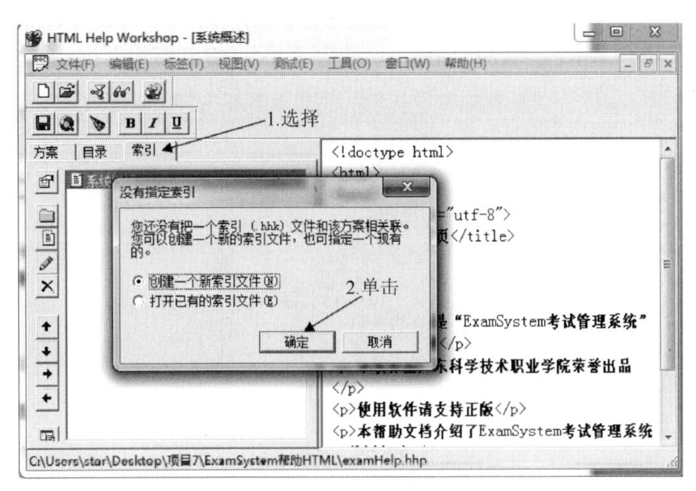

图 7-16　创建一个新的索引文件

（19）将新建的索引文件保存在同一文件夹下，在索引中我们可以添加一些关键字，如图 7-17 所示。

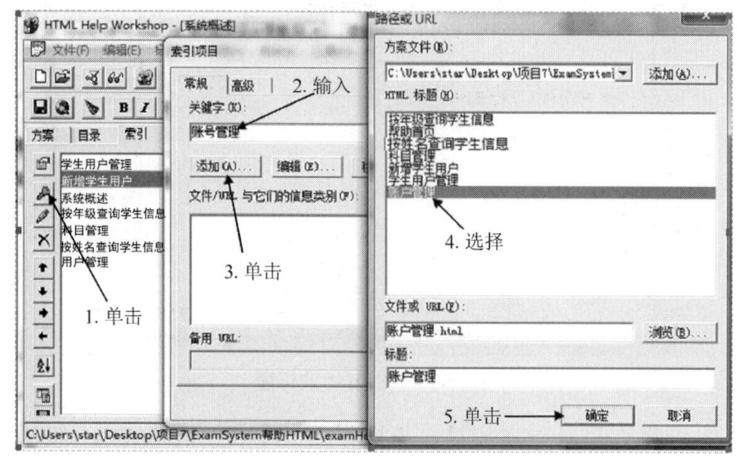

图 7-17　添加索引关键字

（20）根据实际项目继续添加索引关键字。

（21）单击“编译 HTML 文件”按钮，对已经制作的方案进行编译，如图 7-18 所示。

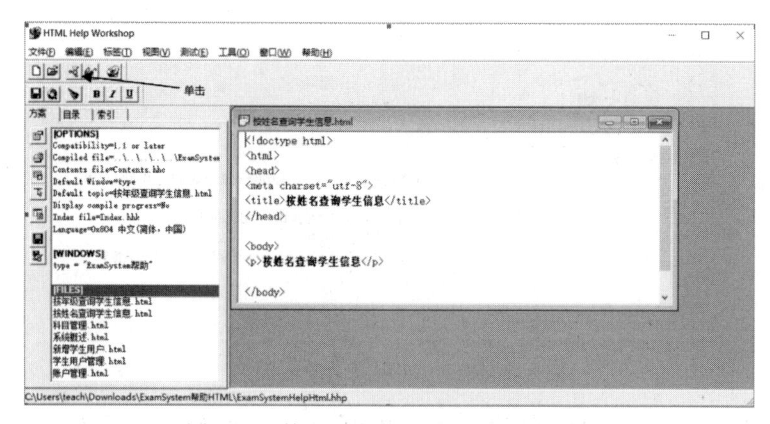

图 7-18　单击“编译 HTML 文件”按钮

（22）单击按钮，弹出“帮助”界面，查看生成的帮助文档，如图 7-19 所示。

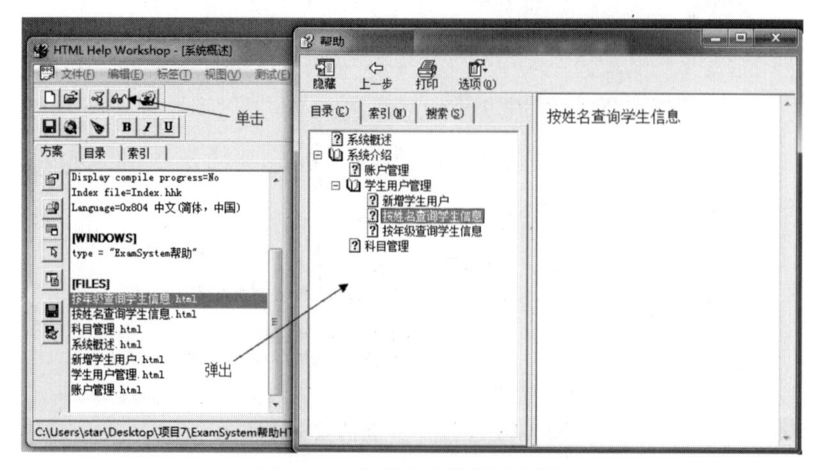

图 7-19　查看生成的帮助文档

（23）单击“添加/更改窗口信息”按钮，弹出“窗口类型”界面，修改窗口信息，如图 7-20 所示。

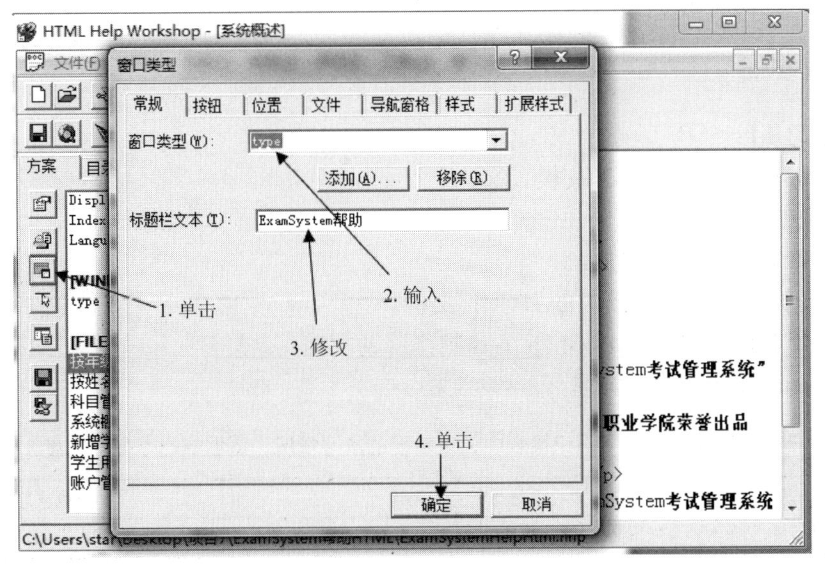

图 7-20　修改窗口信息

（24）修改窗口信息之后，重新编译 HTML 文件，效果如图 7-21 所示。

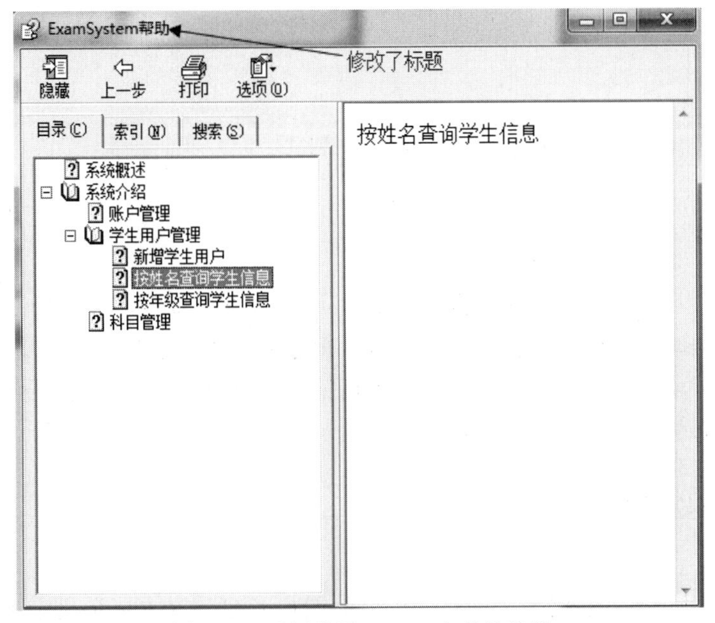

图 7-21　重新编译 HTML 文件的效果

（25）在帮助事件中添加代码，代码如下：

```
private void 帮助HToolStripMenuItem_Click(object sender, EventArgs e)
{
    Help.ShowHelp(this, "ExamSystem.chm");
}
```

ExamSystem.chm 文件要放在项目的 debug 文件夹中。

7.1.2 上机实训

【上机练习 1】

制作 ExamSystem 系统帮助文档。

- 需求说明。
  - 创建 ExamSystem 项目。
  - 创建 ExamSystem 项目的 HTML 文档。
  - 使用 HTML Help Workshop 工具制作帮助文档。
  - ExamSystem 项目实现打开帮助文档。

任务自测表（请在下面记录表中记录自己的学习情况，看看自己掌握的程度）

任务 7.1	看懂本任务的代码	上机练习 1

任务 7.2 数据库操作日志

任务描述

实现ExamSystem 项目利用数据库记录操作日志。

任务分析

操作日志是项目中常见的内容，通常可以采用两种方式实现：一是通过人工手动方式记录；二是通过数据库自动记录。在本项目中我们简单介绍如何使用数据库记录操作日志。

因为很可能登录项目的用户在多个窗体进行操作，因此在解决日志任务前我们还需要解决一个小问题——记录下当前登录用户的信息。

7.2.1 任务实现代码及说明

实现步骤如下。

（1）打开 SQL Server 数据库，创建一个新的用户表 User（本任务设定了主键 UId 为自动增长的数字类型，设定主键为自动增长的数字类型是常见的一种方法，可以减少代码编写错误及方便编程），如图 7-22 所示。

（2）在 User 表中添加用户数据，如图 7-23 所示。

（3）打开之前完成的 ExamSystem 考试管理项目，为了与之前的项目有所区别，此处的项目名称更改为 MySchool，并且添加新的用户类，添加步骤如图 3-24 所示。

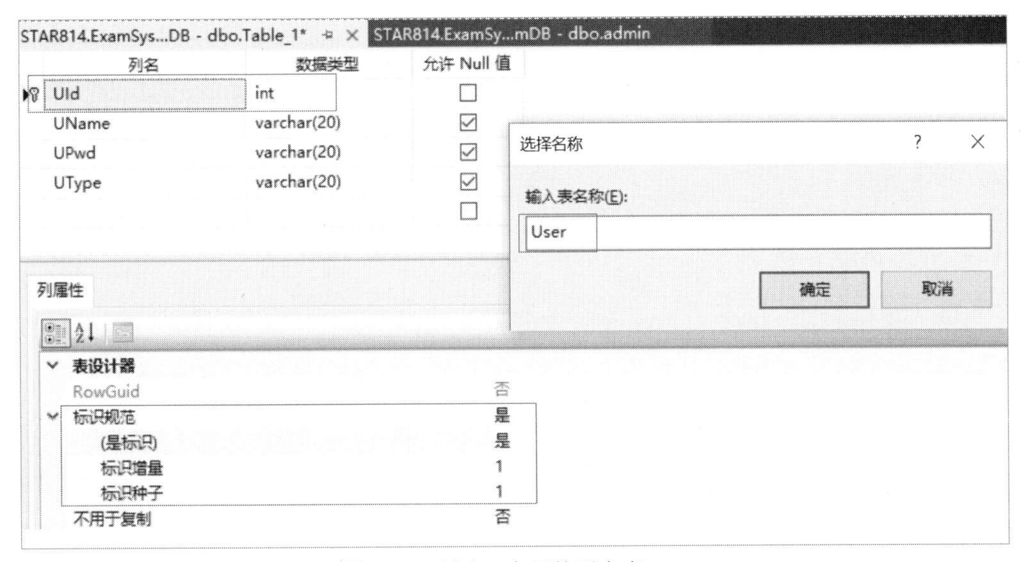

图 7-22　创建一个新的用户表 User

STAR814.ExamSystemDB - dbo.User

	UId	UName	UPwd	UType
	1	admin	123	系统管理员
	2	s1001	s001	学生
	3	j1001	j001	教师
▶*	NULL	NULL	NULL	NULL

图 7-23　添加用户数据

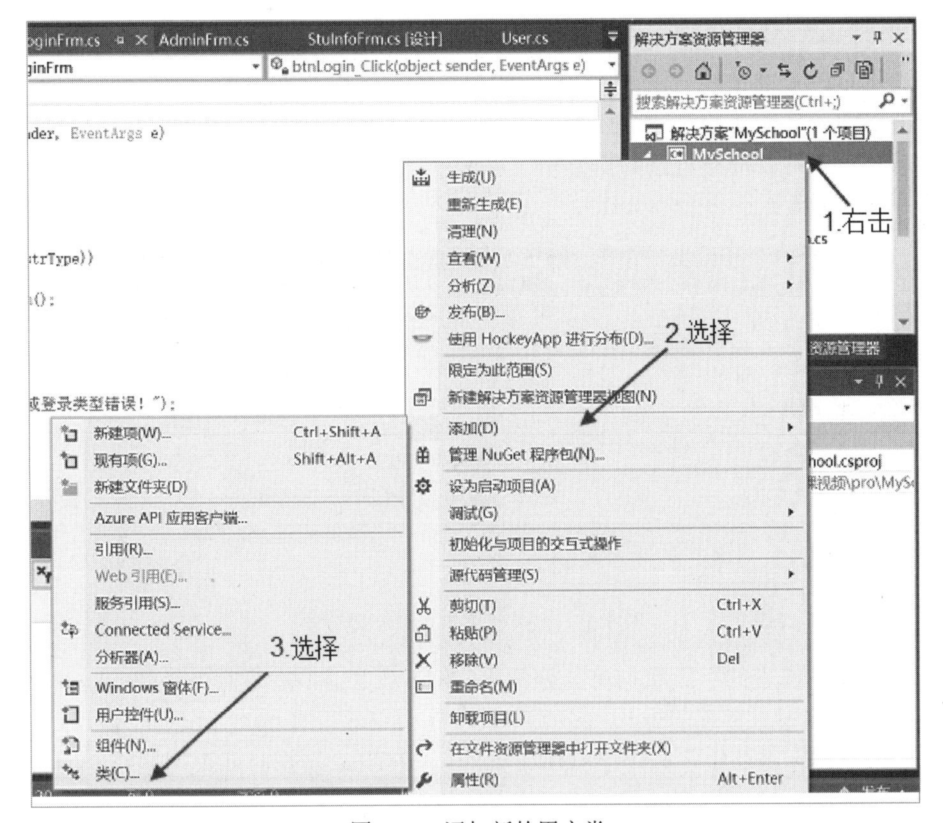

图 7-24　添加新的用户类

（4）修改添加用户类的名字为 user，并创建 4 个属性，分别对应数据库 User 表的 4 个字段，用于保存用户登录信息。因为我们要保存的是在整个项目运行期间的登录用户信息，所以需要的是全局的 user 对象。为此，我们将 user 类设置为静态类，user 类的代码如下：

```
static int uid;                                          //用户 ID
static string uName;                                     //用户登录名
static string uPwd;                                      //登录密码
static string uType;                                     //登录类型

public static  int Uid
{
    get
    { return uid; }
    set
    {  uid = value; }
}

public static string UName
{
    get
    { return uName; }
    set
    { uName = value;}
}
```

UPwd 与 UType 的重构方法与 UName 相似，读者可以自行添加。

（5）为数据库添加 Log 日志表，用于记录日志记录号、登录人员 ID、何时操作、操作时间 4 个字段，读者可以根据自己的需要相应添加日志记录表的字段内容，Log 日志表主要字段设置如图 7-25 所示。

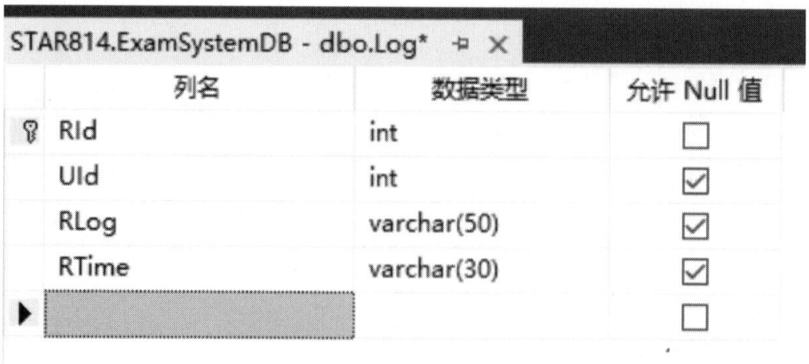

STAR814.ExamSystemDB - dbo.Log*

列名	数据类型	允许 Null 值
RId	int	☐
UId	int	☑
RLog	varchar(50)	☑
RTime	varchar(30)	☑
		☐

图 7-25　Log 日志表主要字段设置

（6）从 Log 日志表的字段我们可以分析出，RId 是主键不需要额外处理；UId 是登录用户的 ID，因此在调用写入日志的方法前必须先从程序中获取；RLog 字段是要写入日志的文字内容，这部分根据实际需要给定一个字符串设置即可；RTime 操作时间采用系统时间来获取。根据以上分析，我们创建 Log 日志表，代码如下：

```
void RecordLog(string strRecord)
{
    string strSql = string.Format("insert into [Log] values({0}, '{1}','{2}')",
User.Uid, strRecord, DateTime.Now.ToString());
    if (Conn.State==ConnectionState.Closed)
    {
      Conn.Open();//Conn是创建数据库连接字符串的SqlConnection对象
    }
    else if (Conn.State == ConnectionState.Broken)
    {
       Conn.Close();
       Conn.Open();
    }
    SqlCommand com = new SqlCommand(strSql, Conn);
    com.ExecuteNonQuery();//执行写入日志的SQL命令
}
```

上面if判断语句的主要功能是，防止SqlConnection对象不是处于连接打开状态时，将其设置为连接打开状态。

（7）修改或新建DBHelper类的LoginSys()方法，实现根据登录用户名、登录密码、登录类型判断是否可以登录MySchool系统，代码如下：

```
try
      {
         string strSql = string.Format("select COUNT(*) from [user] where
uName='{0}' and uPwd='{1}' and uType='{2}'", strName, strPwd, strType);
         Conn.Open();//Conn是创建数据库连接字符串的SqlConnection对象
         SqlCommand com = new SqlCommand(strSql, conn);
         //如果判断可以登录系统则为合法用户，并记录相应的登录用户信息到user类中
         if ((int)com.ExecuteScalar() == 1)
         {
            strSql = string.Format("select uid from [user] where uName='{0}' and
uPwd='{1}' and uType='{2}'", strName, strPwd, strType);
            com.CommandText = strSql;
            User.Uid = (int)com.ExecuteScalar();//通过数据库读取登录用户ID
            User.UName = strName;            //保存登录用户信息
            User.UPwd = strPwd;              //保存登录用户密码
            User.Utype = strType;            //保存登录用户类型
            RecordLog("登录系统");           //记录在日志文件中的日志内容
            return true;
         }
         else
         {
            return false;
```

```
        }
    }
    catch (Exception)
    {
        return false;
    }
```

此处的 if 语句是判断如果为合法登录用户则记录登录用户的信息，UId、UName、UPwd、UType 中的 4 个字段只有 UId 字段需要从数据库中获取，因此我们必须再次执行数据库操作，而其他 3 个字段根据用户在界面的输入信息进行保存即可，可以不必从数据库中获取。

（8）添加“登录”界面中的“登录”按钮的事件代码，实现用户登录系统，记录登录用户信息，并将登录用户信息写入 Log 日志表，代码如下：

```
private void btnLogin_Click(object sender, EventArgs e)
{
    string strName = txtName.Text;              //登录用户名
    string strPwd = txtPwd.Text;                //登录密码
    string strType = cboType.Text;              //登录类型
    DBHelper mydb = new DBHelper();             //创建数据库 DBHelper 对象
    //调用 LoginSys()方法判断是否为合法登录用户
    if (mydb.LoginSys(strName,strPwd,strType))
    {
        AdminFrm myFrom = new AdminFrm();
        myFrom.Show();
    }
    else
    {
        MessageBox.Show("用户名、密码或登录类型错误！");
    }
}
```

（9）用户成功登录几次系统之后，打开 SQL Server 数据库的 Log 日志表，会发现已经添加了几条数据库登录日志，如图 7-26 所示。

STAR814.ExamSystemDB - dbo.Log ⊕ × SQLQuery1.sql -...ystemDB (sa (54))*

	RId	UId	RLog	RTime
▶	1	1	登录系统	2019/8/12 14:21:20
	2	2	登录系统	2019/8/12 14:34:20
*	NULL	NULL	NULL	NULL

图 7-26　Log 日志表添加了几条数据库登录日志

以上只是实现了记录用户登录系统的日志，如果我们要完成更多的日志操作，则需要编写更多的代码，但是操作的方法是类似的。只要我们在需要记录日志时调用 RecordLog()方法即

可。采用这种方法我们可以实现并记录下所有使用项目对系统进行操作的用户及操作内容，但是如果对数据库的操作不是使用项目的程序，而是直接通过 SQL Server 数据库对数据进行修改，则这种方法就不能记录日志了。

如果想要记录所有对数据库操作的日志，则可以利用数据库的触发器完成，有兴趣的读者可以自行查找资料完成。

7.2.2 上机实训

【上机练习 2】

为 MySchool 系统实现日志的显示。

- 需求说明。
  - ➢ 在实现日志功能的项目中添加一个“日志查看”窗体。
  - ➢ 打开“日志查看”窗体查看 Log 日志表中的内容。

【上机练习 3】

为 MySchool 系统实现日志的查询功能。

- 需求说明。
  - ➢ 在“日志查看”窗体中增加日志查询功能。
  - ➢ 根据日志查询条件查看 Log 日志表中的内容。

【上机练习 4】

为 MySchool 系统实现权限管理功能。

- 需求说明。
  - ➢ 根据不同类型的登录用户，打开不同的“登录”窗体界面。
  - ➢ 根据不同类型的登录用户，修改或设置其拥有哪些权限。
- 实现思路。
  - ➢ 在 SQL Server 数据库中添加权限表（如果规定了某种登录类型用户具备某些指定权限，则可以不在数据库中添加权限表，直接编写代码设定登录用户的权限即可。如果想要灵活控制权限，则需要对数据库的权限表进行相应的配置。用户可以将打开某个窗体的权限设定为权限表的某个字段，在显示界面时进行用户权限的读取，用来决定是否显示相应的窗体）。
  - ➢ 在权限表中分配好某种登录类型用户具有的权限（初学者只需要做到窗体级权限管理和控制即可。简单来说，就是具有某种权限的用户可以打开哪些窗体，就表示其对该窗体具有操作的权限）。
  - ➢ 在用户打开的主窗体中根据用户的权限类型显示相应 MenuStrip 中的菜单选项，做到简单的权限控制管理。
  - ➢ 有能力的读者可以设置权限表，并创建“权限管理”窗体界面对权限进行管理。

任务自测表（请在下面记录表中记录自己的学习情况，看看自己掌握的程度）

任务 7.2	看懂本任务的代码	上机练习 2	上机练习 3	上机练习 4

归纳与总结

- 如何制作 ExamSystem 系统帮助文档。
- 掌握 HTML Help Workshop 工具的使用。
- 日志与权限管理虽然看起来很麻烦，并且不太容易实现，但是它普遍存在于项目中。
- 日志与权限究其根本还是对数据库的访问和操作的一种形式，只要掌握了对数据库的基本操作方法，使用 C#应用程序描述用户的实现思路即可。
- 日志与权限的实现虽然具有一定难度，如果读者可以解决这两个常见的问题，则可以提高读者的数据库编程能力。